| 简明量子科技丛书 |

量子计算

智能社会的算力引擎

成素梅 —— 主编
李宏芳 —— 著

上海科学技术文献出版社
Shanghai Scientific and Technological Literature Press

图书在版编目（CIP）数据

量子计算：智能社会的算力引擎 / 李宏芳著. —上海：上海科学技术文献出版社，2023
（简明量子科技丛书）
ISBN 978-7-5439-8786-9

Ⅰ. ①量… Ⅱ. ①李… Ⅲ. ①量子计算机 Ⅳ. ①TP385

中国国家版本馆 CIP 数据核字（2023）第 037139 号

选题策划：张 树
责任编辑：王 珺
封面设计：留白文化

量子计算：智能社会的算力引擎
LIANGZI JISUAN: ZHINENG SHEHUI DE SUANLI YINQING
成素梅 主编 李宏芳 著
出版发行：上海科学技术文献出版社
地 址：上海市长乐路 746 号
邮政编码：200040
经 销：全国新华书店
印 刷：商务印书馆上海印刷有限公司
开 本：720mm×1000mm 1/16
印 张：11.75
字 数：203 000
版 次：2023 年 4 月第 1 版 2023 年 4 月第 1 次印刷
书 号：ISBN 978-7-5439-8786-9
定 价：68.00 元
http://www.sstlp.com

总序

成素梅

当代量子科技由于能够被广泛应用于医疗、金融、交通、物流、制药、化工、汽车、航空、气象、食品加工等多个领域，已经成为各国在科技竞争和国家安全、军事、经济等方面处于优势地位的战略制高点。

量子科技的历史大致可划分为探索期（1900—1922），突破期（1923—1928），适应、发展与应用期（1929—1963），概念澄清、发展与应用期（1964—1982），以及量子技术开发期（1983—现在）等几个阶段。当前，量子科技正在进入全面崛起时代。我们今天习以为常的许多技术产品，比如激光器、核能、互联网、卫星定位导航、核磁共振、半导体、笔记本电脑、智能手机等，都与量子科技相关，量子理论还推动了宇宙学、数学、化学、生物、遗传学、计算机、信息学、密码学、人工智能等学科的发展，量子科技已经成为人类文明发展的新基石。

“量子”概念最早由德国物理学家普朗克提出，现在已经衍生出三种不同却又相关的含义。最初的含义是指分立和不连续，比如，能量子概念指原子辐射的能量是不连续的；第二层含义泛指基本粒子，但不是具体的某个基本粒子；第三层含义是作为形容词或前缀使用，泛指量子力学的基本原理被应用于不同领域时所导致的学科发展，比如量子化学、量子光学、量子生物学、量子密码学、量子信息学等。[1] 量子理论的发展不仅为我们提供了理解原子和亚原子世界的概念框架，带来了前所未有的技术应用和经济发展，而且还扩展到思想与文化领域，导致了对人类的世界观和宇宙观的根本修正，甚至对全球政治秩序产生着深刻的影响。

但是，量子理论揭示的规律与我们的常识相差甚远，各种误解也借助网络的力量充斥各方，甚至出现了乱用“量子”概念而行骗的情况。为了使没有物理学基础

① 施郁．揭开“量子”的神秘面纱［J］．人民论坛·学术前沿，2021，（4）：17.

的读者能够更好地理解量子理论的基本原理和更系统地了解量子技术的发展概况，突破大众对量子科技“知其然而不知其所以然”的尴尬局面，上海科学技术文献出版社策划和组织出版了本套丛书。丛书起源于我和张树总编辑在一次学术会议上的邂逅。经过张总历时两年的精心安排以及各位专家学者的认真撰写，丛书终于以今天这样的形式与读者见面。本套丛书共由六部著作组成，其中，三部侧重于深化大众对量子理论基本原理的理解，三部侧重于普及量子技术的基础理论和技术发展概况。

《量子佯谬：没有人看时月亮还在吗》一书通过集中讲解“量子鸽笼”现象、惠勒延迟选择实验、量子擦除实验、“薛定谔猫”的思想实验、维格纳的朋友、量子杯球魔术等，引导读者深入理解量子力学的基本原理；通过介绍量子强测量和弱测量来阐述客观世界与观察者效应，回答月亮在无人看时是否存在的问题；通过描述哈代佯谬的思想实验、量子柴郡猫、量子芝诺佯谬来揭示量子测量和量子纠缠的内在本性。

《通幽洞微：量子论创立者的智慧乐章》一书立足科学史和科学哲学视域，追溯和阐述量子论的首创大师普朗克、量子论的拓展者和尖锐的批评者爱因斯坦、量子论的坚定守护者玻尔、矩阵力学的奠基者海森堡、波动力学的创建者薛定谔、确定性世界的终结者玻恩、量子本体论解释的倡导者玻姆，以及量子场论的开拓者狄拉克在构筑量子理论大厦的过程中所做出的重要科学贡献和所走过的心路历程，剖析他们在新旧观念的冲击下就量子力学基本问题展开的争论，并由此透视物理、数学与哲学之间的相互促进关系。

《万物一弦：漫漫统一路》系统地概述了至今无法得到实验证实，但却令物理学家情有独钟并依旧深耕不辍的弦论产生与发展过程、基本理论。内容涵盖对量子场论发展史的简要追溯，对引力之谜的系统揭示，对标准模型的建立、两次弦论革命、弦的运动规则、多维空间维度、对偶性、黑洞信息悖论、佩奇曲线等前沿内容的通俗阐述等。弦论诞生于20世纪60年代，不仅解决了黑洞物理、宇宙学等领域的部分问题，启发了物理学家的思维，还促进了数学在某些方面的研究和发展，是目前被物理学家公认为有可能统一万物的理论。

《极寒之地：探索肉眼可见的宏观量子效应》一书通过对爱因斯坦与玻尔之争、贝尔不等式的实验检验、实数量子力学和复数量子力学之争、量子达尔文主义等问题的阐述，揭示了物理学家在量子物理世界如何过渡到宏观经典世界这个重要问题上展开的争论与探索；通过对玻色－爱因斯坦凝聚态、超流、超导等现象的描述，阐明了在极度寒冷的环境下所呈现出的宏观量子效应，确立了微观与宏观并非泾渭分明的观点；展望了由量子效应发展起来的量子科技将会突破传统科技发展的瓶颈和赋能未来的发展前景。

《量子比特：一场改变世界观的信息革命》一书基于对“何为信息”问题的简要回答，追溯了经典信息学中对信息的处理和传递（或者说，计算和通信技术）的发展历程，剖析了当代信息科学与技术在向微观领域延伸时将会不可避免地遇到发展瓶颈的原因所在，揭示了用量子比特描述信息时所具有的独特优势，阐述了量子保密通信、量子密码、量子隐形传态等目前最为先进的量子信息技术的基本原理和发展概况。

《量子计算：智能社会的算力引擎》一书立足量子力学革命和量子信息技术革命、人工智能的发展，揭示了计算和人类社会生产力发展、思维观念变革之间的密切关系，以及当前人工智能发展的瓶颈；分析了两次量子革命对推动人类算力跃迁上新台阶的重大意义；阐释了何为量子、量子计算以及量子计算优越性等概念问题，描述了量子算法和量子计算机的物理实现及其研究进展；展望了量子计算、量子芯片等技术在量子人工智能时代的应用前景和实践价值。

概而言之，量子科技的发展，既不是时势造英雄，也不是英雄造时势，而是时势和英雄之间的相互成就。我们从侧重于如何理解量子理论的三部书中不难看出，不仅量子论的奠基者们在20世纪20年代和30年代所争论的一些严肃问题至今依然没有得到很好解答，而且随着发展的深入，科学家们又提出了值得深思的新问题。侧重概述量子技术发展的三部书反映出，近30年来，过去只是纯理论的基本原理，现在变成实践中的技术应用，这使得当代物理学家对待量子理论的态度发生了根本性变化，他们认为量子纠缠态等“量子怪物”将成为推动新技术的理论纲领，并对此展开热情的探索。由于量子科技基本原理的艰深，每本书的作者在阐述各自的主题时，为了对问题有一个清晰交代，在内容上难免有所重复，不过，这些重复恰好让读者能够从多个视域加深对量子科技的总体理解。

在本套丛书即将付梓之前，我对张树总编辑的总体策划，对各位专家作者在百忙之中的用心撰写和大力支持，对丛书责任编辑王珺的辛勤劳动，以及对“中国科协2022年科普中国创作出版扶持计划”的资助，表示诚挚的感谢。

2023年2月22日于上海

导言

当今时代，量子信息技术发展突飞猛进，成为新一轮科技革命和产业变革的前沿领域，深刻地改变了人们的思维观念，推动了社会生产力的发展。2020 年 10 月 16 日，习近平总书记在主持中共中央政治局就“量子科技研究和应用前景”集体学习会上强调：“量子力学是人类探究微观世界的重大成果。量子科技发展具有重大科学意义和战略价值，是一项对传统技术体系产生冲击、进行重构的重大颠覆性技术创新，将引领新一轮科技革命和产业变革方向。”“要充分认识推进量子科技发展的重要性和紧迫性，加强量子科技发展战略谋划和系统布局，把握大趋势，下好先手棋。”并指出“量子科技发展取决于基础理论研究的突破，颠覆性技术的形成是个厚积薄发的过程”，我们要“了解世界量子科技发展态势，分析我国量子科技发展形势，更好推进我国量子科技发展”。①

近年来，我国在量子科技领域取得一批具有国际影响力的重大创新成果。2016 年 8 月 16 日，中国成功发射人类历史上首颗量子卫星“墨子号”。2017 年，星地量子密钥分发的成码率已达到 10kbps 量级，成功验证了星地量子密钥分发的可行性。目前经过系统优化，密钥分发成码率已能够达到 100kbps 量级，具备了初步的实用价值。2022 年 5 月，中国“墨子号”实现 1200 千米地表量子态传输新纪录。相关专家估计，目前我国在卫星量子通信方向领先欧美等发达国家五年左右时间。

在量子计算方面，中国科学家团队也取得了重要研究进展。2020 年 12 月，中国科学技术大学潘建伟团队成功构建了 76 个光子的量子计算原型机“九章”，实现了我国首个“量子计算优越性”。2021 年 6 月 28 日，潘建伟、朱晓波团队再次

① 习近平：《深刻认识推进量子科技发展重大意义，加强量子科技发展战略谋划和系统布局》。参见 2020 年 10 月 16 日中共中央政治局就“量子科技研究和应用前景”举行第二十四次集体学习。

实现“量子计算优越性”。他们成功研制的66个量子比特可编程超导量子计算原型机“祖冲之二号”，利用其中的56个量子比特就完成了“量子计算优越性”实验，其采样任务的经典模拟复杂度比2019年美国谷歌实现的全球首个“量子计算优越性”——53个量子比特“悬铃木”量子计算原型机高2至3个量级。

在新一轮量子科技革命中，中国企业也蓄势待发，砥励前行。根据全球量子计算技术发明专利排行榜，入榜企业前六位都被美国公司占领，来自中国的量子计算公司本源量子以77项专利排名第七，排在IBM、D-Wave、谷歌、微软、Northrop Grumman、英特尔之后。美国公司在榜单中占比高达43%，中国公司占比12%。目前中国包括阿里巴巴、腾讯、百度和华为在内的科技巨头都在布局量子计算。

总体上看，我国已经具备了在量子科技领域的科技实力和创新能力。中国量子科研团队在量子通信和量子计算领域攻艰克难，为中国乃至世界的量子科技发展做出了贡献。中国科学技术大学已经成为国际知名的量子科技研究中心。中国在量子通信领域的基础科研成果走在了世界前列。但是，国际上的技术竞争相当激烈，不进步就会被超越。

在新科技革命发展的道路上，机遇与挑战始终并存。如今围绕量子计算机的研发，全球正在展开激烈的竞争。不久的将来人类有望触摸到通用量子计算机，极大地提升解难题的效率，推进人类社会的进步。在新一轮的量子科技革命中，中国想要走在世界前列，成为世界一流的量子科技强国，“必须坚定不移走自主创新道路，坚定信心、埋头苦干，突破关键核心技术，努力在关键领域实现自主可控，保障产业链供应链安全，增强我国量子科技应对国际风险挑战的能力。”①

① 习近平：《深刻认识推进量子科技发展重大意义，加强量子科技发展战略谋划和系统布局》。参见2020年10月16日中共中央政治局就“量子科技研究和应用前景”举行第二十四次集体学习。

目录

· Contents ·

第一章

计算与人类社会的发展

JISUAN YU RENLEI SHEHUI DE FAZHAN

计算，就其本义来讲，是进行数字运算。但现在计算的概念已远远超出了狭义的数值计算的范畴，发展为更一般地处理各种各样的信息。从实用的角度来讲，计算是人类为了生产和生活之需，长期实践学习的智慧用具。古代的人们就已经开发出各种方法来丈量土地、计算税收。无论是古希腊的美索不达米亚，还是我国古代的数学经典《九章算术》，都体现了古人在计算方面的杰出成就。

随着人类社会的发展，人们需要计算的问题越来越复杂。计算问题的范畴不断扩大，人们就需要新的计算方法和计算工具。例如“无穷”就超出了人类计算力所能及的范围，于是古希腊人以“推理”奠定了公理化方法的根基。公理化是一种数学方法，最早出现在两千多年前的欧几里德几何学中，当时认为“公理”（如两点之间可连一直线）是一种不需要证明的自明之理，而其他所谓“定理”（如三边对应相等的两个三角形全等）则是需要由公理出发来证明的。18 世纪德国哲学家康德（Immanuel Kant）认为，欧几里德几何的公理是人们生来就有的先验知识。19 世纪末德国数学家希尔伯特（David Hilbert）在他的《几何基础》研究中系统地提出数学的公理化方法。

从希尔伯特提出用计算来代替推理的宏伟猜想，到可计算性理论与构造理论，再到通过计算机进行海量计算来完成证明，“推理”和“计算”在二十世纪经历了反复的争斗。就像对光的本性的认识一样，微粒学说和波动学说经过长期的论争，最终形成了波粒二象性的新认识。和科学史上的许多争论一样，重要的不是争论本身的结果，而是这一过程带来了学科的巨大发展，甚至创立了许多新的学科分支，有力地推动了人类社会的发展。

如今，计算机已广泛应用于生产、生活和科学研究等各个方面，如科学计算、工程规划设计、生产交通控制、银行公司管理、语言文字翻译、天气预报、地震预测等，深刻地影响着科学技术进步和人类社会物质和精神文明。“计算”这条主线看似简单，却牵涉到了数学、物理、哲学、逻辑、语言学、信息科学和计算机科学等诸多领域。

随着算法、大数据和智能机器人逐渐占据我们的工作和生活的每一个角落，对于“计算”的本质，特别是当下备受关注的“量子计算”的本质，以及它们对于人类社会的未来发展，包括对于我们每个人的学习生活和工作的影响，多一些了解和思考，应该说是十分有益甚至是必要的。

一、计算力的社会发展

人是会计算的动物。人的计算能力有先天的成分，但更显见的是，人类的计算力是随着社会的发展而不断进步的。不同于动物的本能，人类制造计算工具和运用算法是有意识、有目的的创造性劳动。人在与自然、社会和他人交往实践过程中，不断地学习、总结，不断地拓展自己的思维力、计算力和创造力，不断地在试错中实现自我的超越。随着人所创造的生产力的不断发展，人类社会的历史进程也大踏步地向前发展。

在农耕文明时代，算术和几何的创立，主要是为了丈量土地和计算税收。美索不达米亚的会计师们非常实际，他们关注的是粮食的份数。就是出于这种脚踏实地的生活，美索不达米亚和埃及的会计师不仅会做乘除法，而且掌握了许多其他的运算，比如解二次方程等。土地测量师则会计算矩形、三角形、圆形的面积。

毕达哥拉斯学派关注的问题则更为抽象，仅涉及数字本身。从三角形的田地到三角形，从粮食的份数到数字，迈向抽象这一步意义非凡。公元前 5 世纪的重大革命，就是抽象的数学对象与自然中的实际物体之间的分离，即使数学对象本身就是从实际物体中抽象出来的，也不例外。他们的主张“万物皆数”，体现了这种抽象。这也使得毕达哥拉斯学派更具哲学的意味。

数学对象与自然物体之间的分离，曾让一些人认为数学不适合描述自然物体。这种看法一直活跃到伽利略时代。然而，随后的数学物理成就将这一观念打破。17 世纪牛顿的《自然哲学的数学原理》一书中给出的物理定理，如果没有数学表达，是没有办法描述大自然的运行的。

物理世界中的计算公式，看似抽象，但都与自然万物的运行密不可分。大自然本身就在计算。即使在公理化方法确立之后，计算仍然是数学工作中光彩照人的一面。无论在哪个时代，数学家、计算机科学家都会提出一些新算法来系统地解决某些类型的自然和社会问题。

进入工业文明时代，特别是后工业时代，或者说我们今天的信息时代，科学技术的突飞猛进有力地推动了社会生产力的发展。人类的计算能力伴随着各种机械化、智能化的作业而有了极大的提升。今天，几乎人人都拥有便携式计算机，这在极大地便利了我们的工作和学习生活的同时，让我们拥有了更为强大的计算力。而这种计算能力的提升是在我们掌握了自然运行规律的基础上产生的。

如果我们不了解光学、电磁学、微电子学、量子力学等，人类是不可能发明出晶体管、计算机的；更不可能使计算机由大变小，运算速度由慢变快，计算能力由弱变强。在计算机发展的历史长河中，制造计算机的物理系统，随着科学技术的发展在不断发生变化。早期的有机械计算机，后来陆续出现了电子管、晶体管、集成电路，以及超大规模的集成电路计算机（关于计算机的发展史参见附录一）。而所有这一切都离不开我们的后天学习，对自然的无尽探索。

今天的人类社会，计算可谓无处不在，隐藏在政治、经济和文化生活的方方面面，否则就不会有政治经济学、计量经济学、数字经济学、大数据、人工智能的发展了。没有计算和推理，大数据不可能统计出海量用户的各种信息。在新冠肺炎疫情肆虐，疫情防控高度紧张期间，追踪感染人员和密接者的行踪，离不开信息计算。就人工智能而言，没有推理和计算，谷歌人工智能“阿尔法狗（AlphaGo）”也不可能打败围棋高手李世石。随着量子计算的发展，量子人工智能在解决疑难上必将发挥更大的作用。

未来，我们的计算能力可能会随着人类自己的发明创造，变得更为强大，前提是我们掌握了自然运行的更多规律，更为了解自然的秘密、宇宙的秘密。在尊重自然规律的基础上，人类创造出更精巧的机器，从而解放自己，使人类的计算能力从必然走向自由，能够更为有意义地栖息在这个地球上。量子计算是人类掌握了量子世界的部分规律后的一大发明，已经显示出了巨大的力量。

二、可计算性和算法

无论是经典计算，还是量子计算，我们都面临着一个可计算性和有无算法的问题。众所周知，现代电子计算机的计算能力已然非常强大，但计算机是否无所不能，可以求解任何数学问题？ 1900 年著名数学家希尔伯特（David Hilbert）在巴黎举行的世界数学家大会上，曾提出了 23 个当时尚未解决的重大数学问题，其中第 10 个问题是关于求若干个变元的整系数方程整数解的所谓 Diophantus 方程问题。

要解决这个问题，就需要设计能检验任意一个整系数多项式是否有整数根的算法，或者证明这样的算法不存在。要证明这样的算法不存在，就需要给出算法的明确定义。这就激起了二十世纪一批数理逻辑学家关于计算本质及计算模型的研究，正是这些研究为二十世纪四十年代电子计算机的出现奠定了理论基础。希尔伯特第10个问题的算法也于二十世纪六七十年代被证明是不存在的。

为了回答什么是算法，什么问题是可以计算的，什么问题是不可计算的，1936年英国著名数学家、计算机科学奠基人图灵（Alan Mathison Turing）发表了《关于可计算数及其对判定问题的应用》[①]一文，提出了重要的、后来被称为图灵机的计算模型（关于图灵和图灵机的详细说明参见附录二）。

◎图灵（Alan Turing，1912—1954）

图灵机是一种抽象的计算机。它由一个读写头和一条无限长带子组成，带子上垂直于带长方向有许多横线，把带子划分为无穷多个格子（见图1）。每个格子上可以标上一个取自有限符号集的字符，也可以空白。在计算开始前，带子上的这些符号就表示输入数据。在任一时刻读写头都处于有限状态集合描述的一个状态上。图灵机计算过程通过读写头的移动和读写操作逐步完成。

图灵机构造原理虽然简单，但它完全模拟了人们用纸、笔进行计算的过程。当进行一个计算时，计算每一步都必定只关注纸上某一位置，根据该位置上的符号以及计算者当时的思维判断，在该位置上写上或擦除某个符号，并决定下一步动作。图灵机应当具有很强的计算能力。图灵在理论和实践上都证明，图灵机无法做到

① Alan M. Turing, On Computable Numbers, with an Application to the Entscheidungsproblem（1936）.

的，数学家和计算机都无法做到。一部超级计算机能做到的计算，动作迟缓的图灵机也能得到相同的答案。由于图灵机计算过程中并不包含其他的超自然的因素，任何可由图灵机计算的函数都必定是可计算的；反过来，图灵机可以执行任何可计算问题的算法。

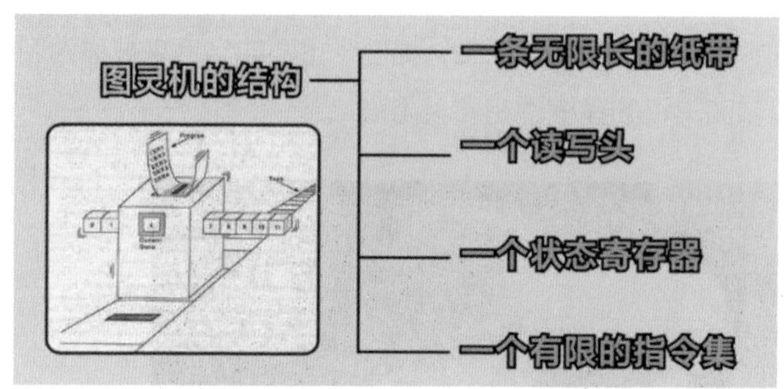

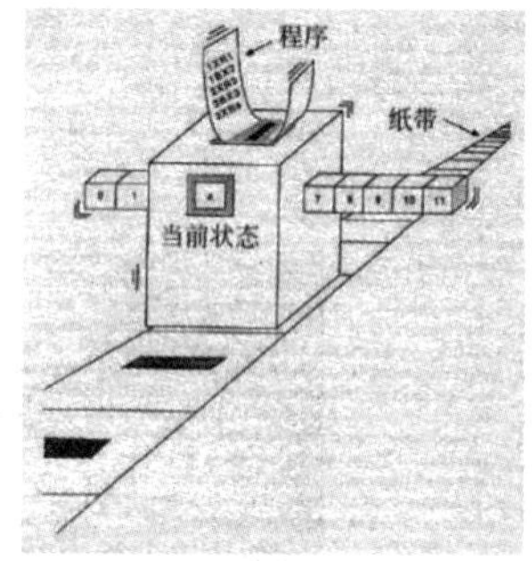

◎图灵机结构图

计算的图灵机模型给出了关于计算概念的一个直观的定义：所谓计算，就是从计算机系统已知状态（输入信息的编码态）开始，按算法规定的指令要求，一步一步地改变机器内部状态。经过有限步后，计算机执行完指令，停留在计算末态上，计算末态就表示计算结果。因此，计算过程就是按算法指令变换机器内部编码态的过程。简单地说，计算是根据给定的输入，按照某种要求的方式，产生输出的一个过程。或者说，从已知符号串开始，按照预先规定的符号串变换规则，经有限步骤得到最后符号串的过程。随着社会的信息化、数字化、智能化，万物互联互通，大数据、互联网、人工智能成为人类获取有效信息必不可少的手段。不计算，无信息。计算是信息运行的动力学机制。

在计算机科学中，算法是与可计算性有同等重要意义的另一个基本概念。算法是指完成某一类特定计算任务的通用法则或方法。换言之，算法是解某一类计算问题的方法，而不是解某一具体问题的方法。算法具有如下性质：（1）通用性。适用于解某一类，而不是只能解决个别问题。（2）可行性。明确地给出引导计算进行的步骤，是切实可执行的。（3）机械性。执行算法过程中不需要人为干预，机器可自动进行。计算过程没有任何超自然因素起作用。（4）有限性。至少对某些输入数据，算法能在有限步骤后结束，并给出计算结果。（5）离散性。算法要求的输入及输出都是离散的符号或数字。

在计算机科学中，算法表现为“特殊指定的有穷指令序列集合”，机器只要按照指定的步骤执行完这些指令，最终会给出问题的答案。例如，加法、乘法，以及求两个正整数的最大公约数等，都是具体的算法。在孩童时代我们都学习过的两个数相加的初等算法，就是执行某种任务的精确算法。

由以上“可计算性”的讨论和算法定义可以看出，一个问题是不是可计算的，与是否存在解该问题的算法是一致的。由于从不同计算模型得到的“可计算性”概念都相同，算法本身和计算模型无关。算法本身也不依赖于具体的计算机或具体的计算机语言。一种算法能够在一种机器上用一种语言进行，当且仅当它能在任何其他机器上用任何其他语言进行。但在不同机器上，使用不同的语言，算法表述形式可以不同。由于图灵机模型具有可行性、简单性，功能不弱于任何其他计算模型，可计算一切能行的可计算问题类型。因此，利用图灵机的概念，可以给“算法”一个精确的定义，算法就是图灵机的一段程序。

算法的发展衍生出算法的复杂性理论，包括P类和NP类算法①，这里不做详细说明。需要指出的是，算法问题关注的是，对一个特定的问题是否有算法存在，强调的是算法的有或无。在解一个实际问题时，还关注算法的有效性问题。一个问题，虽然理论上存在算法，但即使在高速计算机上执行这个算法也需要数万年或更长时间，这样的算法实际上也没有什么意义。像天气预报、飞船的实时控制、导弹拦截等，往往需要在几小时内、几分钟或几秒内得到计算结果，所以还需要研究算法有效性问题。

一般认为，有两种资源限制了计算机解题能力，即时间（与计算步数有关）和空间（需要的存储量）。计算复杂性问题就是研究解一个问题需要的时间和空间资源。显然在不同机器上执行一个算法，需要的计算时间，占有的机器内存空间，取决于多种因素。例如，计算机运算速度，使用的计算语言，编写的计算程序优劣，操作人员的熟练程度等。研究算法有效性问题应当把这些特殊因素排除，考虑一般方法，使算法有效性不依赖于这些特殊因素，从而具有普遍意义。

① P类算法对应P类问题的解决，是指该类问题可以找到一个能在多项式时间内解决它的算法。NP类算法对应NP类问题。NP类问题并不是非P类问题。该类问题是指可以在多项式时间内验证一个解，但不能或者不确定能在多项式时间内能解决的问题。P类问题都属于NP类问题。也就是说，能在多项式时间内解决一个问题，必定可以在多项式内验证一个问题的解——因为求一个问题的解往往比验证一个问题的解要难得多！

总之，正如美国计算机科学家艾伦·凯（Alan Kay）所说，在自然科学中，大自然给了我们一个世界，我们只是去发现它的定律。在计算机中，我们可以把定律输入计算机，创造一个世界。这离不开可计算性和算法的重要作用。

三、计算是物理的

在计算机中，我们把自然定律输入计算机，可以创造一个世界。这意味着什么？计算的本质是什么？1989 年，物理学家多伊奇（David Deutsch）指出："计算的输入和输出的抽象符号，可以表示也可以不表示任何具体的东西等等，但是在任何实际执行的计算过程中，它们本身都必定是具体的物理对象的态，而计算本身是个物理过程。一个计算机是个物理对象，它的运动（指内部演化过程）可以认为是在执行计算。输入可以看作是机器在计算前以可能的方式制备的态，输出则是计算后执行的固定测量得到的可能结果。"①

按照计算的抽象概念，计算被描述成符号串的变换过程。由于抽象的符号串在机器内部是不存在的，在机器内上具体、真实地存在的只是按一定（编码）规则对应这些符号串的物理态，所以变换符号串实际变换的是计算机物理系统的态。由于机器实际发生的是物理状态的变换，所以"计算过程本质是被称为计算机的物理系统内发生的物理过程"。最后计算机演化到达的末态，就是以编码方式表示计算得到的符号串。如下图所示。

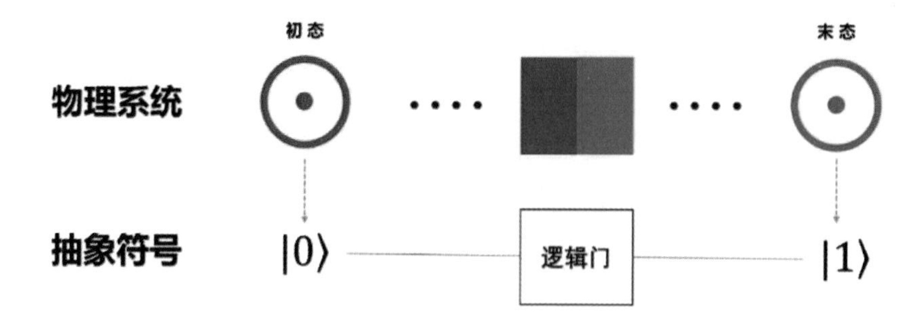

① David Deutsch, "Quantum theory, the Church-Turing principle and the universal quantum computer"（1985）.

关于计算的物理本质，麻省理工学院的计算机科学家弗雷德金（Edward Fredkin）和托马索·托弗利（Tommaso Toffoli）曾有十分精彩的描述："计算——不管是人计算还是机器计算，都是一种物理行为，最终被物理原理支配。"而关于什么是计算的数学理论，计算的数学理论和计算的物理过程之间的关系，他们指出："计算的数学理论的重要作用是把计算过程最终物理实现这一基本事实，以程式化的方法浓缩在数学公理中。从而计算理论的使用者可以把注意力集中在复杂计算过程的抽象模型上，而不必去校验模型物理实现的每一步。"

根据上述关于计算机物理本质的认识，在更宽泛的意义上，似乎把任何一个物理系统，都称为计算机也没什么不妥。因为对任何一个物理系统，我们总可以把它看作是从某个初始时刻 t=0 开始演化（这个初始态就可看作是计算的输入态），演化当然是按照物理规律进行（因为它本身就是一个物理系统），到某个时刻 t 产生一个输出态，这个输出态就可看作是从 $0 \to t$ 这段时间内的计算结果。一个物理系统和通常所说的能执行给定计算任务的计算机比较，差别仅在于它的初始态不是按照给定的计算任务需要制备的，态的演化过程也不是根据算法要求控制的，从而计算结果不是我们需要的，因此这样的计算机对我们可能是无用的（在某些情况下，这样的"计算"过程也是有意义的，例如，通过生物化石演化的结果读出它存在的年代，通过一棵大树留下的年轮读出树的年龄等）。但就物理本质讲，它和通常所说的计算机并无本质差别。"的确，给出一套把物理态解释为符号的规则，任何物理过程都可以看作是某种计算过程。"

既然计算机是个物理系统，那么计算过程就是这个物理系统内进行的一个物理过程。关于计算机是个物理系统，计算过程就是被称为计算机的这个物理系统中进行的物理过程，这种表面上明显的，但思想上又极为深刻的认识，在计算机科学和计算机技术进步中发挥着重要作用，结下了丰硕成果。

虽然计算机先驱者图灵（Alan Turing）、丘奇（Alonzo Church）和哥德尔（Kurt Gödel）等依靠思辨和逻辑，凭借灵感和直觉建立了计算机科学的基础理论，但经典计算机科学理论是不言而喻地、自觉不自觉地以对计算机这个物理系统的经典解释为基础的。

从根本上说，计算的逻辑绝不是人头脑创造的，而是物质世界运动过程规律或所遵循的逻辑在人头脑中的反映，是自然规律的正确的抽象。由于计算过程是个物理过程，计算过程就必定受物理规律的支配。一方面，计算机技术要受我们关于物理规律认识的影响，随着认识的深化而日趋进步和完善；另一方面，这些物理规律对计算机进步又提出不同的限制条件。在计算的图灵机理论中已经捕捉到，真实的物理系统对具体计算过程的一些限制，其中包含有信息通过物体接触相互作用，以有限速度传输，编码在有限物理系统态上的信息是有限相等的。

四、一个物理系统作为计算机的必要条件

计算机是一个物理系统，但并不是任意一个物理系统都能充当有实用价值的计算机。一个物理系统能够充当计算机，必须具有四个基本条件：①系统内存有足够多的、不连续的、不同的物理状态，用于编码要处理的信息。②能按照不同计算任务的需要的输入信息，包括数据和控制计算过程的指令，在系统内制备表示输入信息的初始态。③能按照算法要求对初始数据态进行变换或演化，完成算法规定的计算过程。④算法执行过程中或计算结束时，可以通过适当的测量读出编码态的信息，输出计算末态的信息或计算结果。

显然，计算机的不同物理实现，用来编码数据的物理态不同，相应的实现计算过程的操作、读出计算结果的测量过程和步骤，甚至物理原理，也会不同。但任何计算机，不论它的功能多么强大，能处理多么复杂的计算任务，一旦输入算法或程序（算法和程序输入也是通过物理手段进行的），在机器执行计算任务过程中，都不会有其他非自然的因素起作用，所以计算机作为物质世界的一部分，是一个物理系统。而作为计算机的物理系统，它内部状态描述、状态的操控、随时间演化的方式以及测量过程，都必须通过物理手段、遵循基本物理学规律进行。

今天，物理学已从二十世纪初以前的经典物理学发展为具有更普遍性质的量子物理学。之所以说量子力学具有普遍性，是因为人们熟悉的经典物理学，只是作为它的特殊的、极端情况出现的、在一定条件下（问题所涉及的各种相互作用与普朗克常数 h 相比要大得多）起作用的物理学。当研究微观领域的物理现象时，必须使用量子力学规律。而在宏观情况下，量子力学可以自动地回到经典力学。因此，就像量子物理学是经典物理学发展的自然结果一样，建立在经典物理学基础上的经典计算机，发展到以量子物理学为基础的量子计算机，也就是非常自然的事情。

这也就是说，量子计算机相对经典计算机固然是革命性的变化，但从某种意义上说，量子计算机仍然和经典计算机是一脉相承的，量子计算概念的出现有其历史

必然性。量子计算机是经典计算机发展和科学技术进步的必然产物，也是人类认识不断深化的结果。这其中非常值得一提的是摩尔定律，它对经典计算机集成电路芯片上电路元器件数量的限制，让人们峰回路转，把眼光转向量子计算机的研制，从而实现了计算机发展史上的一次观念变革和范式转换。

五、摩尔定律：传统计算机的发展瓶颈

翻开计算机发展史，现代电子计算机的发展依赖于大规模集成电路技术。在当代物理学中，集成电路芯片从根源来说是量子理论发展之后的技术产物。集成电路的芯片将电路元器件，如电阻、二极管等在半导体芯片上集成，这一半导体技术以半导体理论为基础，而半导体理论以量子理论为基础。在半导体的微型化已接近极限的情况下，如果继续缩小，微电子技术理论就会显得无能为力，必须依靠量子力学中的量子结构理论来解决问题。

早在 1965 年，英特尔的创始人之一戈登·摩尔（Gordon Moore）就注意到了现代计算机硬件的发展趋势。在为《电子》（*Electronics*）杂志创刊 35 周年撰写的题为“在集成电路中制作更多的元器件”的文章中，他提出了一个大胆的预言：在未来十年内集成到一块硅芯片上的晶体管数目每一年翻一番。通过对这个趋势的观察，1975 年摩尔将晶体管的数目修改为每 18 个月翻一番。摩尔的预言，后来被称为“摩尔定律”。

自摩尔定律创立，至今已有半个多世纪。这种电子器件小型化的物理极限是近 20 年来人们关注的问题之一。根据摩尔定律，集成电路上可容纳的晶体管数目每隔 1824 个月就增加一倍，性能也相应增加一倍。例如，当前智能手机的 CPU 芯片，业内已经能够达到 5nm 的工艺节点，但是随着芯片元件集成度的不断提高，芯片内部单位体积内散热也相应增加，再由于现有材料散热速度优先，就会因“热耗效应”产生计算上限。另外，元件尺寸的不断缩小，在纳米甚至更小尺度下经典计算世界的物理规律将不再适用，产生“尺寸效应”。受到来自这两个方面的阻碍，再加之信息化社会的计算数据每日都在海量剧增，人类必须另觅他途，寻找新的计算方式，而量子计算就是一个答案。

我们今天使用计算机的方式还引出了另一个大问题。越来越多的数据程序被存储在云端。可以存储在云端的“数据”包括你的照片、文件、电子邮件和你喜欢的

电影、电子书籍等。这实际上意味着数据存储在了非常大型的计算机里，远离我们正在使用智能手机、平板电脑等小型计算机的地方。许多人可能对此既不了解也不关心。然而，安装这些大型计算机也存在两个问题。它们需要大量的电能，而且没有计算机可以达到 100% 的效率，所以这些计算机会以释放热能的形式浪费大量电能。因此，放置这些象征着飘忽不定的云的物理机器的理想地点便是冰岛或挪威等地，那里有非常廉价的电能（水热发电或水力发电），室外气温也很低。这两个大问题涉及到的能量增长，这种能量增长一定会有上限，即使我们还不知道会达到什么样的上限。

计算能力的发展：摩尔定律

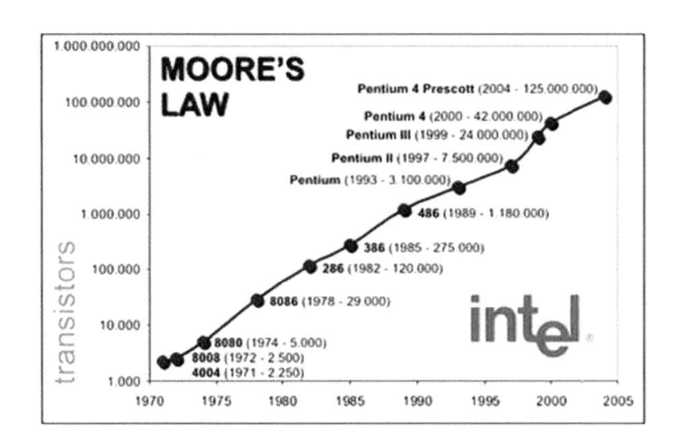

计算速度增加：单位面积上的晶体管数目增长
3nm工艺：1 平方毫米3亿个晶体管
失效：量子遂穿效应

图片来源：张潘的报告“大自然的计算”，中科院理论物理所科普报告 2021-5-24

在小范围内，我们已经知道摩尔定律给经典计算机设置的限制。每隔一段时间，芯片上的晶体管数目就会增长一倍，时间间隔可能是一年、18 个月或更长时间，这样的指数增长方式不可能无限期持续下去。

国际象棋发明者的故事很好地说明了这一点，这是一个呈几何级数增长的经典例子。国际象棋是 6 世纪由印度一个名叫西萨·欣迪（Sissa al-Hindi）的人为了取悦舍罕王（Sihram）而发明的。舍罕王对国际象棋非常满意，他让西萨自己选择奖赏。西萨要求，要么给他 1 万卢比，要么在棋盘的第一个小格内放一粒麦子，在第二个小格内放两粒，第三格放四粒，以此类推，每一小格内的麦子数量都比前一小格增加一倍。国王认为西萨的第二种方案更让他省钱，于是就选择了第二个方案。然而，出乎国王的预料，西萨要求的麦子总数可能达到18446744073709551615粒，这些麦子可以覆盖整个地球的表面。因此，国王的选择并不明智，指数增长的数量是非常庞大的。

不管这个故事是否真实，这些数字是正确的。重点是呈几何级数的经济增长不可能无限期持续，这种增长会消耗不只是地球而是整个宇宙的所有资源。那么，摩尔定律的极限在哪里？

21世纪初，打开和关闭微芯片上的晶体管的开关，会牵涉几百个电子的运动。10年后，就只牵涉几十个电子了。现在，我们正迅速接近这样一种状态：电脑中的每一个开关，计算和内存存储核心的二进制位“0”或“1”，都是由一个原子内部电子或外围电子的行为来控制的。实际上科学家已经能制造出单原子晶体管。这预示着摩尔定律的极限。道理很简单，因为微型化无法继续下去了。没有比电子更小的物质可以起到同样的作用。如果以后在微型化方面有进一步的发展就只能依靠新的物质，例如使用光子来充当开关，基于光学而不是电力运行的计算机。

不仅如此，还有一个原因是，使用单个电子作为开关，实际让我们超越了经典计算机的领域。电子是典型的量子实体，电子遵守的是量子力学的规律，具有波粒二象性，无法在某一特定的时间处于一个特定的位置。更重要的是，你无法判断这样的开关到底是开着还是关着，记录为1还是0。在这个层级上，错误是不可避免的。不过，只要是低于一定频率的错误或许还可以容忍。这些属性为突破经典计算机的局限性，进入完全不同的量子领域提供了路径，使量子的不确定性成为优势，而不是缺点。

总之，计算是一个随着社会发展其内涵不断丰富的概念。计算不仅仅是数值处理，更多的是信息处理。计算本质上是物理的，计算强大的信息处理功能，离不开计算机的发展。在过去，计算机并没有像我们现在这么便捷与强大。在计算机诞生之初，为了计算一个数学问

题，需要先将编写的程序用纸条打好孔，然后输入计算机，计算机处理好之后再打印出来。无论计算能力，还是操作流程，与现在计算机都不可同日而语。但是后来，随着集成电路的发展，进而改变了人类的生产和生活方式。

可是，人类对于计算能力的需求，实际上是无止境的。随着人类的生产实践和计算机技术的发展，我们对计算机计算能力的需求不是减少，而是增加的。特别是在数字化和信息时代，人们对于数据处理的需求在急剧上升，甚至于上升的速度远超过现在计算能力提升的速度。

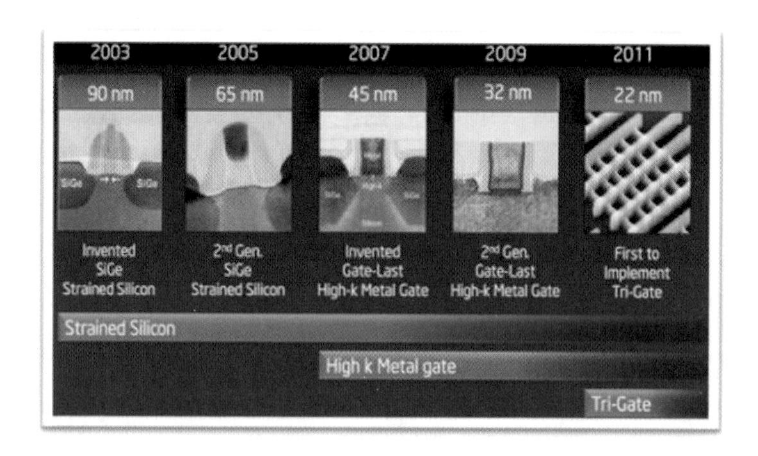

这里面涉及一个很重要的问题，就是我们现在的半导体工艺。摩尔定律预示，芯片上集成的晶体管数目随时间呈指数增长。在半导体技术和科学研究日新月异的今天，摩尔定律预示计算机芯片元件的尺寸已接近物理极限。在芯片元件的尺寸达到原子尺寸时，量子效应会严重影响其性能。量子计算是解决“摩尔定律终将失效问题”的一种可能途径。另外一个限制计算机性能发展的因素是能耗。对于现代的计算机，特别是超级计算机，能耗问题是一个更突出的问题。我们可以堆叠更多的CPU，可以拥有更强大的计算能力，但是能耗太大，仍然是不现实的。

基于以上现代计算机发展的限制，人们开始设想有没有新的计算模式，可以替代现在主流的半导体计算机模式。量子计算就是现在看起来最有前景的解决方案。量子计算以量子比特为基本单位，以量子算法为核心，以量子计算机为背景。但无论是量子比特、量子算法，还是量子计算机，量子计算的出场离不开量子力学。量子力学是量子计算或说量子信息技术的科学基础。

第二章

神奇的量子世界

SHENQI DE LIANGZI SHIJIE

20 世纪无疑是被物理学定义的世纪。量子力学作为描述微观物质世界基本规律的理论体系，与相对论一起构成现代物理学的理论基础，带来了 21 世纪的科技文明。如果说相对论是爱因斯坦（Albert Einstein）的个人杰作，量子力学则是集体智慧的结晶，它带来了重大的观念变革，也奠定了现代信息技术发展的科学基础，为第二次量子革命铺平了道路。

1900 年无疑是值得纪念的一年。这一年，普朗克（Max Planck）提出了具有划时代意义的“量子”概念。从此，人类对于物质世界的认识进入一个新阶段。1905 年是爱因斯坦的奇迹年。这一年，爱因斯坦发表了四篇极具影响力的论文，每一篇都足以获得一次诺贝尔奖，这些成就深远地影响了整个世界，爱因斯坦也由此变得举世闻名。在第一篇论文《关于光的产生和转化的一个启发性观点》里，爱因斯坦在普朗克能量子概念的基础上，提出光量子假说，通过量子理论解释了光电光电效应，并最终证明了能量子以及光子（即光的粒子）的存在，终结了长达二百年之久的光的波动说和粒子说之争，深化了人类对于光本性的认识：光具有波粒二象性。

在量子论的发展道路上，玻尔（Niels Bohr）的贡献功不可没。1913 年，玻尔发表了对应原理，从理论的逻辑结构上使量子理论与经典理论得以沟通。应用这一原理，玻尔又建构了氢原子的玻尔模型，成功地解释了氢原子的发射谱线。玻尔的原子理论和普朗克的量子假说、爱因斯坦的光量子理论一起构成了旧量子论。量子论的诞生，改变了人们对于物理世界的习见认识。

在量子理论的发展道路上，还成长起一批熠熠生辉的年轻物理学家。出生在贵族家庭的法国青年德布罗意（Louis de Broglie）就是其中之一。1924 年，德布罗意受爱因斯坦狭义相对论的逻辑和光量子假说的启发，在博士论文中提出了物质波概念，即物质粒子，如电子、质子等不仅具有粒子性，也具有波动性。从此，波粒二象性成为物理世界所有粒子或量子的重要特征。

1927 年，美国贝尔电话实验室的戴维森（C. Davisson）和助手革末（L. H. Germer）及英国伦敦大学的 G.P. 汤姆孙 (Sir George Paget Thomson) 通过电子衍射实验各自证实了电子确实具有波动性。至此，德布罗意的理论作为大胆假设而成功的例子获得了普遍的赞赏，从而使他获得了 1929 年诺贝尔物理学奖。戴维森和 G.P. 汤姆孙 (Sir George Paget Thomson，1892–1975) 也因用晶体对电子衍射所作的实验发现而荣获 1937 年诺贝尔物理学奖。

1925—1926年，量子理论的发展进入新阶段。一大批优秀的年轻物理学家投身于量子力学的建立。23岁的海森堡（Werner Heisenberg）提出量子不确定性原理和量子力学的矩阵力学形式。25岁的泡利（Wolfgang Pauli）提出著名的泡利不相容原理[①]。38岁的薛定谔（Erwin Schrödinger）提出量子力学的波动力学形式，建立了量子力学的薛定谔方程。24岁的狄拉克（Paul Dirac）证明了量子力学的矩阵力学与波动力学是等效的且可相互转换[②]。43岁的玻恩（Max Bohn）与泡利、海森堡和约尔丹（Pascual Jordan）一起发展了矩阵力学的大部分理论，并发表了波函数的概率解释，成为著名的"哥本哈根诠释"[③]的有机组成部分。除了约尔丹之外，上述物理学家都因对量子力学基础研究的贡献而荣获诺贝尔物理学奖。

二十世纪二十年代量子力学形式体系基本建立，二十世纪三十年代经狄拉克（1935年）和冯·诺依曼（John von Neumann）（1932年，1935年）的公理化整理，量子力学成为一个完整的理论体系。随着量子力学理论体系的建立和完善，人们发现并认识了量子效应，从而引发了二十世纪四五十年代兴起的第一次量子技术革命。

量子力学的诞生，是人类历史上继牛顿的力学革命、麦克斯韦的电磁学革命、爱因斯坦的相对论革命之后又一次重大的科学革命，不仅从根本上改变了人类对自然的认识，而且为人类社会带来了天翻地覆的变化，深刻地改变了人类的生产和生活方式。正如诺贝尔物理学奖得主、美籍华裔物理学家李政道（T.D.Lee）所说，没有量子力学，就没有二十世纪乃至二十一世纪的科技文明。今天我们用到的许多高科技产品，包括半导体、激光器等，都是量子力学开发应用的成果。

2022年度诺贝尔物理学奖得主塞林格（Anton Zeilinger）在《量子百年》一文[④]中也写道：

---

① 泡利不相容原理被称为量子力学的主要支柱之一，是自然界的基本定律，它使得当时所知的许多有关原子结构的知识变得条理化，为原子物理的发展奠定了重要基础。

② 1928年狄拉克把相对论引入量子力学，又建立了相对论形式的薛定谔方程，即著名的狄拉克方程，并从理论上预言了正电子的存在，成为量子电动力学的开拓者。

③ "哥本哈根诠释"是以玻尔为首的哥本哈根学派对量子力学概念基础所做的一种诠释，包括海森堡的不确定性原理、玻尔的互补原理、玻恩的波函数的概率解释等。"哥本哈根诠释"对物理实在的描述遭到爱因斯坦、薛定谔的质疑。

④ Anton Zeilinger. The Quantum Centennial. Nature, 2000（408）: pp.639–641.

普朗克于1900年12月14日在德国物理协会上宣布他的量子假设时，包括他本人在内，谁也没有意识到他开启了一扇对自然进行全新理论描述的大门。量子力学极为成功地解释了许多现象——从基本粒子的结构、化学链、许多固态现象的本质，一直到早期的宇宙物理学。迄今，所有的实验都以令人惊异的精确性，强有力地证实了全部量子预测。

量子力学也导致了巨大的技术应用。没有量子力学，现代高科技的发展是不可想象的——激光和半导体仅仅是这方面的两个例子。但是，最重要的是，量子力学在一定程度上改变了我们的世界观，这种改变完全是令人吃惊的，而且其深度前所未有。

量子力学带来的观念变革和技术应用，不仅引发了二十世纪四五十年代兴起的第一次量子技术革命，也为今天正在进行的第二次量子革命——量子信息技术革命奠定了科学基础。“量子”一词还广泛用于社会生活的各个方面。为此，我们需要了解量子和量子力学的基本特征。到底什么是“量子”？它与构成物质的基本粒子是什么关系？量子有哪些基本特征？为什么量子力学的建立引发了两次量子技术革命？量子力学引发了哪些观念变革？什么是量子叠加和量子纠缠？这是本章要回答的问题。

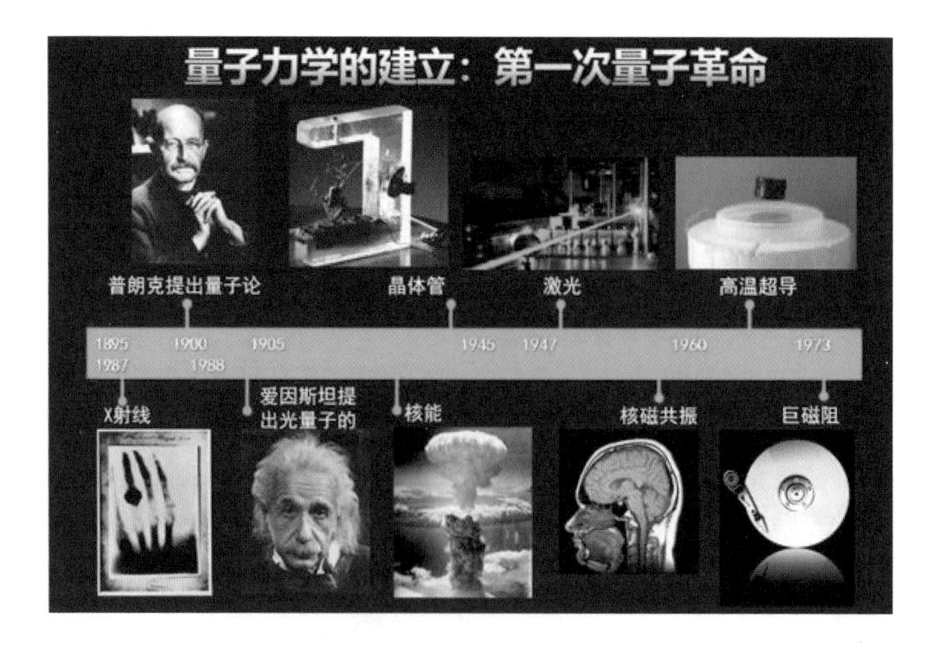

一、量子是什么?

量子是现代物理的重要概念。19 世纪后期，一些物理学家聚焦于黑体辐射问题的研究，发现很多物理现象无法用经典理论解释，如微观粒子的运动就不能用描述宏观物体的经典运动规律解释。为了解释经典物理无法解释的物理现象，量子概念应运而生。这要归功于德国物理学家马克斯·普朗克（Max Planck），他最先发现黑体辐射的不连续性不能通过经典力学来解释，并在黑体辐射研究中引入能量量子的概念。

1900 年 12 月 14 日，在德国物理学会的年会上，普朗克作了题为“论正常光谱中的能量分布”的报告，在报告中他提出，对热辐射的系统研究发现，为得出正确的辐射公式，必须假设物质辐射（或吸收）能量是不连续的，而是一份一份地进行的，只能取某种最小数值的整数倍，并将辐射频率为 v 的能量 E 的最小数值 $E=hv$ 称为量子（h 是普朗克常数）。这一报告为量子论的诞生奠定了基础。

普朗克提出的辐射能量是不连续的理论，成功地解决了黑体辐射问题。然而，当时的物理学界，包括普朗克本人，受经典物理学的思维模式的影响，并不太喜欢“量子”这个概念，因为量子假设动摇了经典物理学的基础：自然不作跃变的连续原理。普朗克曾说能量子的存在“纯粹是一种数学形式上的假设”[1]。

◎马克斯·普朗克（Max Planck）

马克斯·普朗克（Max Planck，1858—1947），德国著名物理学家、量子论的重要创始人之一。1900 年提出能量的量子化概念，解释黑体辐射。由于这一发现获得1918年诺贝尔物理学奖。后任德国威廉皇家学会的会长，该学会后为纪念普朗克而改名为马克斯·普朗克学会。

---

① M. Plank. in Black-Body Theory and the Quantum Discontinuity（1894—1912）. Thomas S. Kuhued. Oxford University Press（1978）, p304.

然而，年轻的爱因斯（Albert Einstein）更具革命精神。1905 年，当时在瑞士伯尔尼专利局工作的爱因斯坦继承并发展了普朗克所提出的这一革命性观念，用以解释当时的电磁理论所不能完全解释的光电效应，亦即在光的照射下，由金属逸出的电子的能量和光的强度无关，但和波长有关。爱因斯坦指出，如果接受了普朗克的自由辐射的能量不连续的假说，那么将能很自然地解释光电效应。爱因斯坦也正是因为“对理论物理的贡献，特别是发现了光电效应”而获得 1921 年度诺贝尔物理学奖。

◎阿尔伯特·爱因斯坦（Albert Einstein）

阿尔伯特·爱因斯坦（Albert Einstein，1879—1955），美国和瑞士双国籍犹太裔物理学家。1905 年是爱因斯坦奇迹年，于 3 月提出光量子假说，解决了光电效应问题；4 月向苏黎世大学提出论文《分子大小的新测定法》，取得博士学位；5 月完成论文《论动体的电动力学》，独立而完整地提出狭义相对性原理，开创物理学的新纪元。1915 年提出广义相对论引力方程的完整形式，并成功解释了水星近日点运动。1921 年获诺贝尔物理学奖。

在光量子化概念的指引下，爱因斯坦在 1905 年发表的《关于光的产生和转变的一个启发性观点》的论文中写道，光辐射不仅在于与物质相互作用时，能量是一份一份的，而且光辐射本身，能量也是一份一份的，一份能量就是光能量的最小单元。这就是爱因斯坦的光量子假说，它的革命性在于揭示了量子不是一种数学形式上的假设，而是光本质的重要特征。“辐射能是以能量 $E=h$ 的形式，集中在空间的有限区域，它的行为像独立的粒子一样。”由此，光量子概念产生。1926 年美国物理化学家吉尔伯特·路易斯（Gilbert Lewis）正式将其命名为“光子”。

从能量子到光量子，量子概念的提出为物理学家打开了通往新世界的一扇门。量子是能表现出某物理量（如能量）或某物质（如光子）特性的最小单元，是“相当数量的某物质”。物理学家这样定义量子：一个事物如果存在最小的不可分割的基本单元，我们就说它是“量子化”（quantized）的，并把最小单元称为“量子”。量子就是“离散变化的最小单元”。“离散变化”就是不连续的、跳跃性的变化。这可能就是普朗克所说的量子化的数学假设。

至此，我们知道，量子是一个物理概念，并不是具体的实在粒子，并没有某种粒子专门叫作“量子”。量子更多地是表示某种事物的量子化，或量子效应。当我们说某个粒子是量子时，一定是针对某个具体的事物，说它是这个事物的量子。例如，光是由许多光子组成的，所以光子其实就是光的量子；阴极射线是由一系列电子组成的，因此电子就是阴极射线的量子；铁是由铁原子组成的，因此铁原子就是铁的量子。

这就意味着，量子与构成物质的基本粒子，不是同一范畴的概念，两者没有可比性。从物质的构成来说，分子、原子、夸克等是构成物质的粒子；而从能量传播来说，量子是能量传播过程中能量发射和吸收的最小单元，它不是连续的，而是一份一份的，在实验中量子可以表现为原子、光子、分子等多种形态。因此，我们不能把量子和分子、原子和电子之类的物质混在一起，认为量子是比电子更小的物质，是一个基本粒子，这是错误的。

量子也并不等于微观，宏观世界也可以有量子态。即量子作为量子世界中物质客体的总称，既可以是光子、电子、原子、原子核、基本粒子等微观粒子，也可以是超导体、玻色－爱因斯坦凝聚（BEC）、死活叠加的“薛定谔猫”等多粒子宏观系统。但无论是微观量子态，还是宏观量子态，它们能成为量子存在，都有一个共同特征，即都遵循量子力学的规律。量子力学的规律有什么特别的吗？

量子力学的规律的确很反直观，迥然不同于经典物理学的规律。量子世界的不确定性、量子态的相干叠加性、量子纠缠和退相干效应，这些都是量子世界的本质特征，是经典世界没有的或说至少是不完全相同的，它们不仅解释了量子世界的许多神奇现象，而且为第二次量子革命铺平了道路。下面我们从量子力学建立的基本假设说起，来阐明量子世界的本质特征及其与量子计算的密切关联。

二、量子力学的建立及其基本假设

物理学研究物质运动的基本任务是描述不同层次、不同物质的运动状态，找出物质运动状态变化的规律，求出在不同运动状态下人们所关心的各个物理量取值，研究不同运动状态下的物质性质。19 世纪的物理学认为，物体运动状态可由动力学变量——坐标和动量描述，运动状态的变化遵从牛顿力学规律。十九世纪末二十世纪初，物理学研究迅速深入到微观领域，人们发现，建立在直观感觉和经验基础上的经典物理的概念和描述方法，不能简单地推广到微观世界；微观粒子不同于宏观粒子，它不仅具有粒子性质，还具有波动性质，简称“波粒二象性”。为了描述微观粒子运动规律，二十世纪二十年代物理学家建立了新的物理理论，这就是量子力学。

量子力学是建立在几个已经获得检验的基本假设基础之上的。量子力学的第一条基本假设：量子态即量子粒子的存在状态用波函数描述。具体而言，微观粒子或光子、电子的运动状态，由称为波函数的时空坐标函数 $\psi(\vec{x}, t)$ 描述，简称为 $|\psi\rangle$。

在经典力学中，知道粒子在某一时刻的状态和粒子受到的作用力，根据力学规律，就可以唯一确定以后任何时刻粒子的运动状态。同样，量子力学的目的是不仅要描述量子系统的状态，更重要的是从已知系统在某个时刻的运动状态，预言以后任何时刻系统的运动状态，为此，需要找出量子态变化的规律。

1926 年，奥地利物理学家薛定谔（Erwin Schrödinger）从质点力学和几何光学的类似性，就"量子化就是本征值"问题，连续发表四篇论文，系统地阐述了他的波动力学思想，建立了量子力学的波动方程薛定谔方程：$i\hbar\frac{\partial}{\partial t}\Psi = \hat{H}\Psi$。其中 Ψ 是波的形式，$\hat{H}$ 是一个叫作哈密顿算符的表达式，$\hbar$ 是普朗克常数，i 是虚数单位。薛定谔方程适用于在复数上定义的波。

根据薛定谔方程，微观粒子的运动状态用波函数 $\psi(\vec{x}, t)$ 描写。微观粒子运动规律就是波函数随时间演化的规律。薛定谔方程很好地描述了微观粒子的运动规律，其所使用的概念和偏微分方程是大多数物理学家所熟悉的，因而为当时主流物理学家所普遍接受，成为量子力学的标准表述形式。

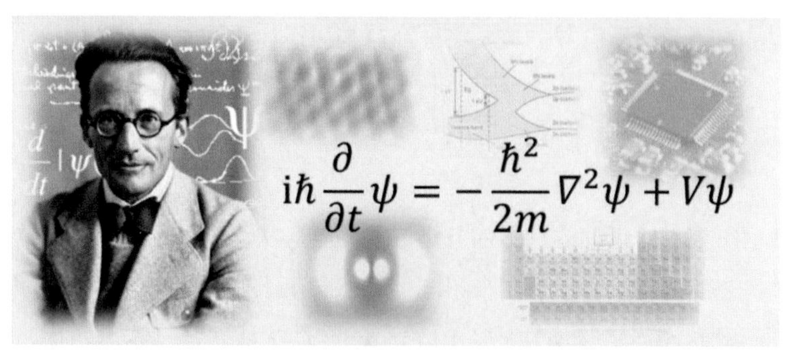

埃尔温·薛定谔（Erwin Schrödinger，1887—1961），奥地利物理学家，量子力学奠基人之一。1924-1926 年建立了波动力学。他所建立的薛定谔方程是描述微观粒子运动状态的基本定律，它在量子力学中的地位大致相似于牛顿运动定律在经典力学中的地位。1933 年因发展了原子理论和狄拉克（Paul Dirac）共获诺贝尔物理学奖。1935 年提出"薛定谔猫"思想实验。1937 年荣获马克斯·普朗克奖章。他是分子生物学的开拓者，著有《生命是什么》。

量子力学的另一种数学表述形式是海森堡的矩阵力学。1925 年，德国著名物理学家海森堡（Wer ner Heisenberg）在玻尔原子理论的基础上，发现将物理量（如位置、动量等）及其运算以一种新的形式和规则线性代数中的“矩阵”表述时，物质的量子特性（如原子谱线的频率和强度）可以被一致地说明的数学形式，从而建立了量子力学的矩阵力学。矩阵力学由于数学上较为复杂和抽象，提出后并不为物理学家普遍接受，因而没有成为量子力学标准的表述形式。

◎海森堡
（Wer ner Heisenberg）

沃纳·海森堡（Wer ner Heisenberg，1901—1976），德国著名物理学家，量子力学的主要创始人，哥本哈根学派的代表人物，1925 年创立了矩阵力学，并提出不确定性原理。1932 年因创立量子力学，尤其是运用量子力学理论发现了同素异形氢而荣获诺贝尔物理学奖。著有《量子论的物理学基础》《物理学和哲学》等经典著作。

量子力学具有两种不同的表述形式，是否意味着两种表述形式是相互矛盾的？1926 年，薛定谔本着科学的精神，认真地研究了海森堡的矩阵力学，他发现二者本质上是等价的，并初步给出了二者等价的证明，其证明也很快为学界所接受。然而这一证明尚未达到数学意义上的严格和完整，在某些方面还有漏洞。

随后，思想敏锐的年轻物理学家泡利（Wolfgang Pauli）和极富数学天赋的年轻物理学家狄拉克（Paul Dirac）从不同角度出发，给出了二者等价的直接或间接证明。但更为严格的数学证明来自大数学家冯·诺依曼（John von Neumann）。1926—1927 年，冯·诺依曼已经在量子力学领域内从事研究工作，发表了量子力学基础方面的研究论文。1932 年世界闻名的斯普林格出版社（Springer）出版了冯·诺依曼的《量子力学的数学基础》[①] 一书，该书为量子力学奠定了严格的数学基础，从数学上严格证明了两种力学的等价性。

这就意味着量子力学多样化的数学形式反映的是相同的物理内容。两种力学实

① 冯·诺依曼在量子力学方面的工作集中收录在 1932 年出版的《量子力学的数学基础》（Mathematische Grundlagen der Quantenmechanik）一书中，1954 年又出版了英文版。这本书被认为是量子力学的第一个严格而完整的数学表述，极具影响力。

◎沃尔夫冈·泡利
（Wolfgang E. Pauli）

沃尔夫冈·泡利（Wolfgang E. Pauli，1900—1958），美籍奥地利物理学家。1925 年发现著名的泡利不相容原理，为原子物理的发展奠定了重要基础。1945 年因这一发现获诺贝尔物理学奖。泡利以有最尖锐的思维与言辞而闻名，被誉为“上帝的鞭子”“物理学的良知“。

◎保罗·狄拉克
（Paul Dirac）

保罗·狄拉克（Paul Dirac，1902—1984），英国理论物理学家，量子力学的奠基者之一，并对量子电动力学早期的发展做出重要贡献。1933年，因为“发现了在原子理论里很有用的新形式”（即量子力学的基本方程——薛定谔方程和狄拉克方程），狄拉克和埃尔温·薛定谔共同获得了诺贝尔物理学奖。

◎冯·诺依曼
（John von Neumann）

沃尔夫冈·泡利（Wolfgang E. Pauli，1900—1958），美籍奥地利物理学家。1925 年发现著名的泡利不相容原理，为原子物理的发展奠定了重要基础。1945 年因这一发现获诺贝尔物理学奖。泡利以有最尖锐的思维与言辞而闻名，被誉为“上帝的鞭子”“物理学的良知”。

质是同一方程在不同空间的表象而已。矩阵力学和波动力学的等价性证明，大大丰富和拓展了量子力学的理论体系。正如北京大学赵凯华教授在评述量子力学发展时所说：“量子力学有许多看起来迥然不同的侧面，量子力学的先驱们起初各抓住其中一个侧面发展出一套理论，最后合拢到一起，成为一个统一的理论体系。……薛定谔走进的波动力学大门和海森堡走进的矩阵力学大门，在量子力学的大厦内是相通的。它们分别处于量子力学这座大厦的不同侧面。”①

量子力学的第二条基本假设：量子态叠加原理。即对于一个量子系统，如果系统可以处在波函数 ψ_1 和 ψ_2 描述的状态中，那么，ψ_1 和 ψ_2 的线性叠加态：$|\psi\rangle=c_1|\psi_1\rangle+c_2|\psi_2\rangle$，也是系统的一个可能态。量子态可以处于多个可能状态的叠加之中，即 $|\psi\rangle=\sum_n c_n|\psi_n\rangle$。其中 c_1，c_2，…，c_n，是一组有限复常数，波函数满足归一化条件要求$\sum_n|c_n|^2=1$。在保持态 $|\psi\rangle$ 不被破坏的情况下，我们没有任何物理学方法可以确定，$|\psi\rangle$ 态究竟处于 $|\psi_1\rangle$ 态，还是 $|\psi_2\rangle$ 态，……还是 $|\psi_n\rangle$，它就是以一定概率处于这些态的叠加状态。这就意味着量子世界是一个概率的世界，量子实在的呈现具有随机性或者说不确定性。

量子世界的不确定性也为海森堡的不确定性原理（Uncertainty principle）所揭示。1927 年海森堡提出不确定性原理，它表明：在量子世界，你不可能同时精确地确定一个微观粒子的位置和动量。位置确定的愈精确，动量确定的就愈不精确，反之亦然。粒子位置的不确定性和动量不确定性的乘积必然大于等于普朗克常数 h 除以 4π（公式：$\Delta x\Delta p\geqslant h/4\pi$）。这表明微观世界的粒子行为与宏观物质很不一样。

人们经常把不确定性原理称为“测不准原理”，因而导致了一些错误的认识，以为测不准原理是由于测量造成的。实际上，量子世界的不确定性是微观量子所固有的，是量子世界内在的性质，量子随机性是真正的随机性，而不是由于人的认知偏差或测量手段造成的。量子不确定性迫使我们放弃经典确定性的习见思维模式。

从根本上讲，世界是量子的，虽然我们生活在一个宏观经典世界，那是因为在某一尺度量子会过渡为经典，但量子和经典的边界在哪里并不清楚，这也使得整个物理世界是确定性与不确定性、连续性与不连续性的统一。量子力学的第三条基本假设：孤立量子系统态矢量 $\psi(\vec{x},t)$ 随时间的演化遵循薛定谔方程。一个量子系统如果不存在和其他系统的相互作用，称这个量子系统为孤立系统。但实际情形是，一个量子系统常常不可能与周围环境完全隔绝，这就会发生量子退相干。特别

① 赵凯华 . 创立量子力学的睿智才思（续 2）——纪念矩阵力学和波动力学诞生 80-81 周年［J］. 大学物理，2006，25（11）：1-11.

说来，如果对量子系统进行测量，即仪器与被测量子系统相互作用，量子系统态矢量就会发生波包塌缩，失去相干性，这就涉及到量子力学的另一条基本假设：量子测量假说[①]。

根据量子测量假说，在量子世界，量子态的演化发展遵循态叠加原理。当你不去观测它们时，量子态是多个状态的一个相干叠加态，你不能以经典的思维方式去追问它到底处于哪一个确定状态。但是，如果你想要窥探量子存在的本征状态，你就会破坏量子态的相干叠加性，量子态会以一定的概率跃迁到某一可观测量的本征态，呈现为一个经典确定态，这就是所谓的“波包塌缩”假说，具体呈现什么，与你选择的测量设置有关。这就涉及到量子测量的客观性和主观性。量子到经典的跃迁是一个客观的过程，但测量结果的呈现的确离不开测量者所选择的测量装置和测量方式。

以双缝干涉实验为例，当你不去观测微观量子从哪条缝穿过时，微观量子态呈现干涉效应，屏幕上会有明暗相间的干涉条纹。但是，如果你要观测微观量子从哪条缝穿过，明暗相间的干涉条纹就会消失，屏上呈现出一个经典的球面波。这就是量子世界的神奇。自然隐匿了量子存在的诸多信息，通过测量，我们只能获取量子态的部分信息。难怪著名物理学家费曼（Richard Feynman）说双缝实验包含了量子世界的全部秘密，阐释了量子力学的核心思想，它所展示出的量子现象不可能以任何经典方式来解释。

---

① 冯·诺依曼在《量子力学的数学基础》一书中提出了著名的量子力学的测量假说。根据冯·诺依曼的测量假说，在量子测量中，可以统一用薛定谔方程描述测量仪器和微观粒子及其相互作用。这样，假若被测系统的初态是两个本征态的线性叠加，那么被测系统和测量仪器经过相互作用之后，被测系统的初态中的线性叠加就传递给了测量仪器，结果微观粒子可能的干涉效应就被传递到宏观水平。因此，测量结果不是一个单一的值，而是一个相干叠加态，与宏观不同指针位置相对应。如何才能去除测量结果的相干叠加性呢？就需要另一个测量仪器Ⅱ。但是，仪器Ⅱ虽然可以把系统和仪器Ⅰ的干涉项消除，但仪器Ⅰ和仪器Ⅱ之间的干涉项又产生了，这就需要另一个测量仪器Ⅲ，以此类推，就形成了一个无限回归的仪器链。为了消除干涉效应，终止这无休止的仪器链，冯·诺依曼最终把这个使命交给了有意识的人，认为如果没有“抽象的自我”参与整个测量过程作“最后的一瞥”，量子态的测量过程将始终处于这样一个无限循环的复归当中，干涉项永远不能消除。相反，如果最后一个测量仪器是有意识的人类观察者，就会打断这个仪器链，实现“波包塌缩”。因为我们内省地知道个体的意识是不可能有多重性的。这就是冯·诺依曼的物理－心理平行主义。

正是因为量子力学有这些神奇的特征，所以从量子力学诞生以来，围绕其概念基础就产生了许多观念之争。

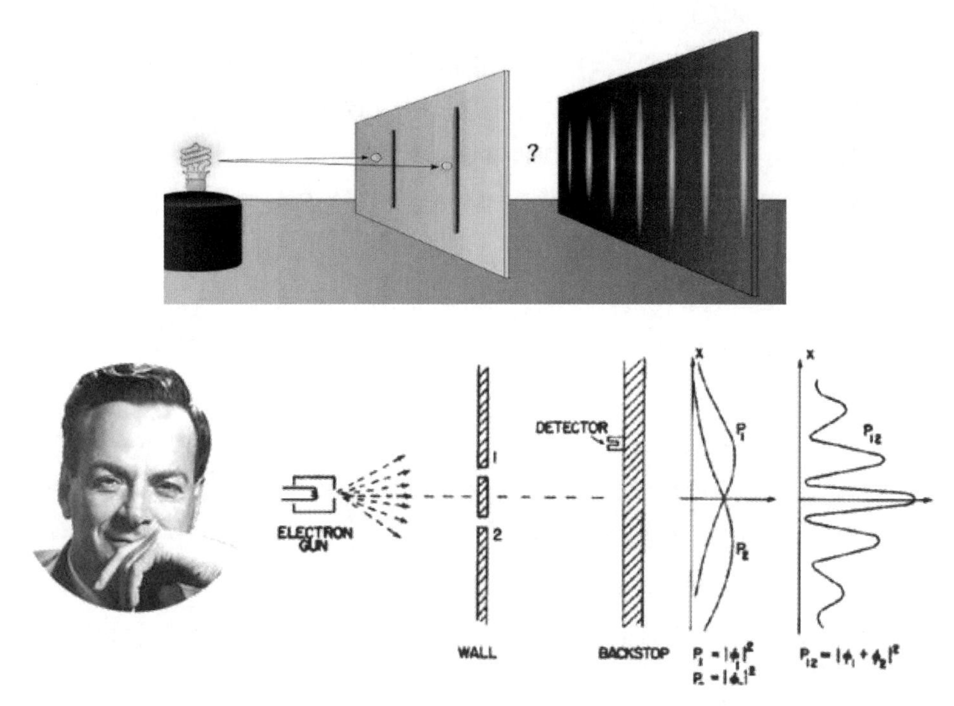

◎费曼（Richard Feynman）：双缝干涉实验包含了量子世界的全部秘密

理查德·费曼（Richard Feynman，1918—1988），美籍犹太裔物理学家。费曼思维敏捷、幽默风趣，对世界始终保持着好奇心和科学探索精神，对很多科学领域都有着深刻的洞察和贡献。1942 年曾参与秘密研制原子弹项目“曼哈顿计划”。1949 年提出著名的费曼图、费曼规则和重正化的计算方法。1965 年因在量子电动力学方面的贡献而荣获诺贝尔物理学奖。费曼不仅研究做得好，课也讲得好，他为本科生编写的《费曼物理学讲义》，不仅讲解了很多科学知识，而且还展示了很多科学的思维方式，几十年来启发了无数的读者。

三、量子力学观念之争

二十世纪二三十年代量子力学形式体系基本建立，接下来便是阐明其概念基础，而围绕其概念基础却产生了激烈的论争。最为著名的是玻尔 – 爱因斯坦之争，争论先后围绕量子不确定性和量子实在性展开，历时 30 余载，直至爱因斯坦逝世，至今仍在回响，形成了科学史上一道亮丽的风景线。

量子力学为何会引发观念之争？一个重要的原因是，量子力学作为深入到微观领域的理论，描述的是非常小的尺度，大约是小于纳米（1 纳米 $=10^{-9}$ 米）的尺度，而在飞米（1 飞米 $=10^{-15}$ 米）尺度范围内的，如原子、亚原子大小的物质的行为和性质。这是一个与我们的直觉经验完全不一致的世界，其显著的反直观的特征是用我们的经典的思维模式难以理解的。

按照我们日常对宏观物体认识的习惯经验，一个物体在某一时间只能处于一个确定的位置或者一种确定的状态，要么在这里，要么在那里：或者是这样，或者是那样，二者必居其一。例如，一枚规则的硬币落地时，或者正面朝上或者背面朝上，二者量子等价。但是，在量子世界，由经典物理学规定的日常生活的习见规律不再适用。所有的微观粒子诸如电子、质子、光子等都有一个奇怪的性质：它们在同一个时刻可以既在这里又在那里，既是粒子又是波，就像有分身法术一样。当我们不去观测它们时，它们就这样同时以一定的概率处于多个位置或多种状态的叠加之中，你既不能谈论它们的轨迹，也不能说明它们的真实状态是什么。而一旦你去观测它们时，它们将会以一定的概率呈现为一个确定的位置或一种确定的状态。微观粒子的这种性质是与我们的习见经验大相径庭的，也是难以用经典的思维模式去理解的。

微观粒子的这种多个位置或多种状态以一定的概率同时共存的性质，就是微观粒子的量子相干叠加性。微观粒子的量子相干叠加性是由能极好地预测亚原子世界粒子运行方式的量子力学的数学表述——薛定谔方程的线性特征决定的。量子相干叠加性导致了量子不确定性，解释了量子世界的部分神奇。

量子叠加原理和经典波叠加原理虽然数学形式相同，但二者有完全不同的物理意义。对于量子叠加态 $|\psi\rangle=c_1|\psi_1\rangle+c_2|\psi_2\rangle$ 而言，$|\psi\rangle$ 的两个本征态 $|\psi_1\rangle$ 和 $|\psi_2\rangle$ 都仅是量子系统的一个可能状态，系统以一定的概率（幅）c_1 和 c_2 处在其中每个本征态上。当对本征态 $|\psi_1\rangle$ 和 $|\psi_2\rangle$ 作投影测量时，测量结果是排他的，只能得到其中一个本征态，即只有一个本征态呈现，另一个本征态潜存。而对于经典波叠加态 φ 而言，两个相叠加的成分，每一个都是系统的一个实际存在的态，是 φ 态的一个组成部分。

如果通过测量对量子和经典两种叠加态进行分析，其差别就可以更明显地表现出来。对经典叠加态，同一个态可以多次重复测量得到叠加中的各种成分。而对

量子叠加态，确定其成分需要对一批与 $|\psi\rangle$ 完全相同态分别进行多次独立的测量完成，并且每次测量一个态，这个态就被破坏，"塌缩" 到实际测量得到的那个态上，同时也失去了对这个态继续测量以确定其他成分的可能性。确定其他成分的检测需对完全相同的叠加态执行新的测量。相叠加的不同成分在叠加态中出现的概率由叠加系统中概率幅的模平方 $|c_1|^2$ 和 $|c_2|^2$ 给出。需要指出的是，两个相同态的经典叠加是振幅增大一倍的新态，但两个相同量子态的叠加，在物理上表示同一个量子态。

围绕量子力学的测量假设，即"波包塌缩"现象，物理学家曾展开过激烈的讨论。根据量子力学的测量假设，当系统处在量子纯态时，测量一个力学量 F 一般不能得到确定值，而是有一系列可能取值。每个可能值出现的概率由描述系统状态的波函数预言。这一假设和态的叠加原理是一致的，由于 ψ 可表示为各个本征态 $\{\psi_n,\ n=1,\ 2,\ \cdots\}$ 的叠加，因此 ψ 所描述的系统可能处在 ψ_1 态，也可能处在 ψ_2 态，$\cdots\psi_{\mathrm{n}}$ 态，这就使得系统测量力学量 F 不能得到唯一结果。

换言之，根据量子测量假设，量子测量具有另一个不同寻常的性质：测量引起系统由测量前的态 ψ 塌缩到测量后的态 ψ_n（$n=1,\ 2,\ \cdots$），测量得到的本征值 F_n 对应本征态。因为在第一次测量完成后，如果紧接着进行第二次测量，由于系统还没有来得及演化，必定仍得到态 ψ_n（$n=1,\ 2,\ \cdots$），因此，必须认为在测量刚刚完成后，系统就处在 ψ_n（$n=1,\ 2,\ \cdots$）描述的新态上。测量将打断测量前系统（在没有测量仪器作用之前可看作是孤立系统）的幺正演化过程，测量仪器的作用改变了原来态制备过程中限定的条件，所以测量后的态就不再是原来的态，事实上制备了系统的一个新态。一般的测量过程事实上就是新态的制备过程。这和经典物理根本不同。量子测量的这一破坏量子相干演化过程的性质，不仅直接影响量子计算机纠错对编码态的诊断，而且影响计算结果信息的提取，通常被认为是消极的。

由于量子计算机采用量子态编码信息，因此，量子计算过程就是编码量子态的时间演化过程。而量子态的时间演化规律由量子力学基本原理决定。量子计算机计算结果的输出就是对计算末态的量子测量。但是，在量子信息理论中，量子测量作为对量子系统实行操控的两个基本手段之一，有不可或缺的积极作用。这种作用不仅表现在量子信息提取和态制备上，还表现在测量操作是实现逻辑态幺正演化的一种手段。在稳定子量子纠错码理论中，通用量子逻辑门组就需要引进制备在特定态上的辅佐量子比特块、纠缠数据块和辅佐块，然后通过对辅佐块适当的测量实现对逻辑态的容错幺正操作。

总之，量子力学的建立意义深远，它导致了一场概念革命，让我们重视审视我们周遭的世界。量子力学揭示的微观世界物质运动的规律，同宏观经典世界的物理规律以及人们的习见认识存在巨大的差异。量子世界的物理存在具有经典物理学和经典思维方式不能解释的神奇特征和运动规律。所以，从量子力学理论体系建立以来，围绕其概念基础一直存在争论。量子理论的奠基人之一、著名物理学家玻尔（Niels Bohr）曾说，谁不为量子力学理论所震惊，谁就没有真正理解量子物理学。

尼尔斯·玻尔（Niels Bohr）

尼尔斯·玻尔（Niels Bohr，1885—1962），丹麦物理学家，1922年因对于原子结构理论的贡献荣获诺贝尔物理学奖。他是哥本哈根学派的创始人，提出互补原理和量子力学的哥本哈根诠释，对二十世纪物理学的发展有深远的影响。

四、量子纠缠与“薛定谔猫佯谬”

量子世界拥有真正的随机性和不确定性，量子态具有相干叠加性。然而，量子力学最不可思议的特征还是量子纠缠（quantum entanglement）。量子纠缠是由量子态叠加原理引起的一个新的、没有经典对应的现象。在量子力学创立不久，爱因斯坦、薛定谔就注意到了这一现象。1935年，爱因斯坦（Albert Einstein）、波多尔斯坦（Boris Podolsky）和罗森（Nathan Rosen）提出著名的“EPR佯谬”，对“量子力学描述物理实在的完备性”提出质疑。爱因斯坦称纠缠为“幽灵般的远距离相互作用”，从而使纠缠现象获得了令人印象深刻的表示。同年，薛定谔提出“薛定谔猫佯谬”，再次运用量子纠缠现象展示了量子世界的神奇。

根据薛定谔，纠缠是量子力学的独有特征，加深了量子力学与经典思路线路的分离。与量子叠加态相比，量子纠缠态是更为复杂的量子态，它没有经典对应，并且要求必须是一个复合体系的态。多体系的量子态最普遍的形式是纠缠态，而单纯的叠加态不必是描述复合体系的态，单光子就可以实现相干量子态的叠加态。

从形式上讲，纠缠态是复合体系间不能表示成直积形态的态；能表示成直积形式的量子态，例如 $|n\rangle_A \otimes |m\rangle_B$ 态（n，m 任意），称为“非纠缠态”。在量子世界，纠缠普遍存在，这种能表示成直积形式的非纠缠态，只是一种很特殊的量子态。只有直积形式的量子态的叠加才构成纠缠态。

以“薛定谔猫”为例。1935 年，薛定谔设计了一个思想实验，以表明量子力学的哥本哈根诠释对量子实在解释的荒谬。他把很好描述微观世界中物理行为（从原子与光子的相互作用到亚核水平的相互作用）的量子力学的叠加原则，扩展到传统上用经典物理学描述的宏观系统，从而产生了一只死活叠加的“薛定谔猫”。从形式上讲，“薛定谔猫”是猫和辐射原子组成的一个复合体系的非直积态，它是 |原子衰变〉⊗|死猫〉和 |原子没有衰变〉⊗|活猫〉两个直积形式的量子态的叠加，因而构成纠缠态。

“薛定谔猫佯谬”思想实验

“薛定谔猫”思想实验是这样的，一只猫被关在一个密闭的钢盒中，盒中有一个极其残忍的装置（必须防止猫直接接触此装置）：在盖革计数器中放置了小量的放射性物质，其量很小，以至于在一小时内可能只有一个原子发生衰变，等概率也可能没有一个原子发生衰变。如果原子发生衰变，计数器便放电，并通过继电器，释放一小锤，把一个盛有氢氰酸的小瓶打碎，挥发出来的毒气就会把猫毒死。如果整个系统经过一小时，在这段时间里没有任何一个原子发生衰变，人们就可以说，猫还活着；如果有原子发生衰变，猫就应该被毒死。由于放射性原子衰变与否完全是量子随机的，遵循的是量子力学的统计规律，因此在没有打开盒子进行观察之前，放射性原子处于衰变和没有衰变两种状态的叠加，猫处在了死猫和活猫的叠加状态。

换句话说，当盒内的宏观系统（猫）与微观系统（放射性原子）相互作用之后，微观系统的量子相干叠加性就传递给了宏观系统，从而使得猫也处于了量子相干叠加态，用量子力学的语言表述就是，整个系统的波函数处于了放射性原子衰变 ⊗ 死猫和放射性原子没有衰变 ⊗ 死猫的量子关联之中：

$$|\psi\rangle=\alpha\,|\downarrow\rangle\otimes|\text{活猫}\rangle+\beta\,|\uparrow\rangle\otimes|\text{死猫}\rangle$$

其中，$|\alpha|^2$ 表示放射性原子处于基态（没有衰变）而猫是活的概率，$|\beta|^2$ 表示放射性原子处于激发态（衰变）而猫是死的概率，二者满足归一化条件：$|\alpha|^2+|\beta|^2=1$。$|\downarrow\rangle$ 和 $|\uparrow\rangle$ 分别代表放射性原子衰变和没有衰变的内部态，即基态和激发态，$|\text{活猫}\rangle$ 和 $|\text{死猫}\rangle$ 分别代表猫的活态和死态。这样两个量子关联状态的叠加就是一个纠缠态。

纠缠作为量子世界的独有特征，与量子力学的测量问题有着解不开的联系，对于理解量子非定域性和波包塌缩现象意义深远。根据量子理论，如果对两个关联的量子态中的一个进行测量，就确定了另一个态的性质，即另一个量子态也发生了“波包塌缩”。这似乎意味着信息传递的“超光速”，与狭义相对论相矛盾，但根据量子纠缠的概念，这种远程关联源于一个复合体系的量子态之间的纠缠特征，并不是超光速信息传递。在量子力学建立的早期，经典的思维模式使得人们对于纠缠态的概念理解不足，因而就有了“EPR 佯谬”。

至于“薛定谔猫佯谬”，它是微观量子态与宏观猫的死活态发生量子纠缠所致，因而问题更为复杂。对于一只经典猫，它的存在状态要么是死，要么是活，不存在中间态；而一只量子猫除了可以处于死态或活态，还可以处于死活叠加态，其死活的概率是不确定的。这看似荒谬，实则是量子世界的本质特征。事实上，从二十世纪九十年代以来，科学家已在实验室制备出了介观尺度的“薛定谔猫”。这就说明死活叠加的量子猫存在，只不过到了宏观尺度，由于与环境的相互作用，量子猫态十分脆弱，很快就会退相干，变为经典猫。

这里，问题的关键不在于是否能制备出死活叠加的“量子猫”，而在于如何理解量子测量，如何理解猫的生死是由谁决定的，这才是薛定谔设计这只猫的初衷。因为根据量子力学的哥本哈根诠释，只当观察者去观察时才能确定猫的状态，其时“薛定谔猫”由量子叠加态塌缩为经典确定态，即“人的主观意识的介入”决定猫的生死，“薛定谔猫”由量子叠加态塌缩为经典确定态，这才是“佯谬”所在。薛定谔自然是反对哥本哈根诠释的物理实在观的。爱因斯坦也一样。对于量子的实在性问题，爱因斯坦曾向陪同他一起散步回家的物理学家派斯（A. Pais）发问："你认为，月亮在没人看它时是否不存在？"

就习见经验而言，人们自然不会相信一只宏观的猫可以处于死活叠加的量子态，毕竟，死活叠加的"薛定谔猫"违反了我们的实在观。在日常生活，我们或者看到死猫，或者看到活猫，从未看到过一只死活叠加的猫。然而，解决"薛定谔猫佯谬"的关键不在于是否能在实验室制备出死活叠加的"薛定谔猫态"，而在于如何理解量子测量。

"薛定谔猫"定为纠缠态，它的最终解决必须考虑纠缠态的概念。二十世纪八十年代以来，随着量子测量理论的发展，人们认识到，由于量子纠缠，测量作为被测系统与仪器 / 环境的相互作用，会导致被测系统量子态自动退相干，量子态变为经典态，这里不需要"人眼的最后一瞥"，人只起到记录结果的作用。

就"薛定谔猫"而言，猫的死活是猫的集体态（"死"和"活"两种状态，对应两个宏观可区分的波包，如质心自由度所处的状态）和内部态（组成猫的内部自由度）相互作用形成纠缠的过程中，其内部态众多，它们不停地进行热运动，不可避免地会有内部态发生正交，只要其中有一对正交，就会破坏"薛定谔猫"的相干叠加，因此，我们看到的"薛定谔猫"不可能是死活叠加的状态，而只能是死或者活二者必居其一的状态①。这个退相干过程是自动发生的，不以人的意志为转移。

正是纠缠和测量，使得一个物体的量子属性，瞬时传递给另一个量子物体，表现出量子世界物质属性神奇的非局域关联。这就解释了爱因斯坦所说的"幽灵般的远距离相互作用"，消解了"EPR 佯谬"。也就是说，量子纠缠反映了通过直接或间接发生过相互作用的两个量子系统，可能处在一种特殊的量子态。在这个特殊的量子态中，复合系统的性质是完全确定的，但其中每个子系统都没有确定的性质。两个子系统性质存在不可分割的联系，这种联系表现为对其中一个子系统的测量会引起另一个子系统的态瞬间改变。

如果说在量子力学发展的早期，人们对于量子纠缠只限于哲学层面的讨论，随着量子信息技术的发展，科学家发现量子纠缠是信息传输和信息处理的一种物理资源。从某种意义上说，量子信息理论和量子通信技术就是在开发、应用量子力学纠

① 详见李宏芳．量子实在与薛定谔猫佯谬［M］．北京：清华大学出版社，2006：82—89.

缠态资源，产生出经典信息理论不可以实现的信息功能。实际上，除去利用量子态和量子纠缠外，量子信息并没有太多与经典信息不同的地方。

在量子通信中，利用量子纠缠可以实现隐形传态，即利用两地共享的纠缠资源，把其中一地一个物理系统的未知量子态传送到远处的另一个物理系统上，而不需要传送这个物理系统本身，这里不涉及超光速传递。例如，我国“墨子号”量子通信卫星的成功实现，离不开科学家对量子纠缠的深刻理解和科学应用。如今，世界范围的科学家们正在紧锣密鼓地研发量子计算机。量子计算机的研发同样以量子力学的基本原理为科学基础，量子叠加和量子纠缠赋予了量子计算以强大的算力。

总之，量子力学革命带来了巨大的观念变革和产业变革。量子世界的不确定性、量子态的相干叠加性、量子纠缠和量子退相干效应，这些量子世界的本质特征曾引发激烈的观念之争，产生了“EPR 佯谬”和“薛定谔猫佯谬”。但随着对量子效应的进一步认识，引发了二十世纪四五十年代的第一次量子技术革命。

21 世纪以来，量子信息和量子计算作为开发、应用量子现象于信息计算科学的一门科学，它的诞生不仅迎来了第二次量子技术革命和产业变革，将促进人类社会的发展，而且将有助于揭开量子世界的奥秘，深化人类对自然规律的理解。

第三章

用量子进行计算

YONG LIANGZI JINXING JISUAN

21 世纪以来，随着量子信息技术的发展，人类迎来了第二次量子技术革命，人们通过主动操控量子态（即通过宏观手段对微观量子态进行操控）来实现信息处理的指数加速。量子计算、量子通信、量子传感与精密测量等三大量子信息技术的研发与应用在全球范围方兴未艾，其中量子计算是量子信息技术的核心，量子通信技术可规避量子计算对现有通信信息安全的威胁，量子传感与精密测量技术有望在未来万物互联时代覆盖信息技术服务的所有领域。

新一轮量子革命比起第一次量子革命，涉及的面显然更广，应用性更强，产生了一系列颠覆传统技术的黑科技，包括量子信息和量子计算，当然还有许多其他量子技术。这里只围绕量子计算展开。

从社会需求和应用层面来讲，随着人们对计算能力的需求日益增长，传统计算模式面临巨大挑战，而量子计算基于自 20 世纪初起经由大量实验验证的量子力学理论，通过量子态的演化进行计算。由于量子态具有叠加和纠缠特性，使得量子计算在对量子比特进行处理时可以多状态一起进行，这一特点称为“量子并行性”。这是量子计算超越经典计算，具有强大计算能力的根源。量子计算正因具有远超经典计算机的计算能力而受到很大重视。量子计算是目前量子信息技术领域重点关注的发展方向之一。

然而，迄今我们对量子计算的理解还停留在比较初浅的阶段。关于量子计算的哲学思考更是少之又少。量子计算的本质是什么？量子计算超越经典计算，对人类而言意味着什么？量子计算离不开量子比特，量子比特又是什么？除了这些哲学味比较浓重的问题外，还有许多实际问题。比如，专业人士会问：除量子比特数目之外，还有哪些性能对量子计算至关重要？为什么建造实用的量子计算机如此困难？如何实现上百万个量子比特的纠缠和量子计算？带着这些问题，让我们进入量子计算之旅。

一、何为量子计算?

量子计算是一种通过遵循量子力学规律、调控量子信息单元来进行计算的新型计算方式。它不同于经典计算以比特（bit）为基本单元，它以微观粒子构成的量子比特（qubit）为基本单元，量子比特具有量子叠加、纠缠特性。因此，量子计算能够实现以量子叠加态的形式存储和编码信息，并且通过量子态的受控演化进行信息计算，具有经典计算技术无法比拟的巨大信息携带量和超强并行计算处理能力。

从物理系统来讲，量子计算所依托的物理系统是一个量子力学系统，这也是量子计算机的由来。量子计算机与经典计算机的不同，就是利用了量子计算机这个物理系统的量子力学效应。具体而言，量子计算就是运用量子力学系统的物理状态——量子比特态编码信息，按照量子动力学规律演化编码态，执行计算任务，并按照量子力学测量原理提取计算结果。

由于量子力学物理体系的态不同于经典物理态，量子态或说以量子比特编码的信息态具有相干叠加性，具有没有经典对应的纠缠性质，这就使量子计算机具有超出经典计算机的信息处理能力。量子计算机研究就是开发和应用量子力学系统态的相干叠加和纠缠所蕴含的信息处理能力，执行信息处理任务。

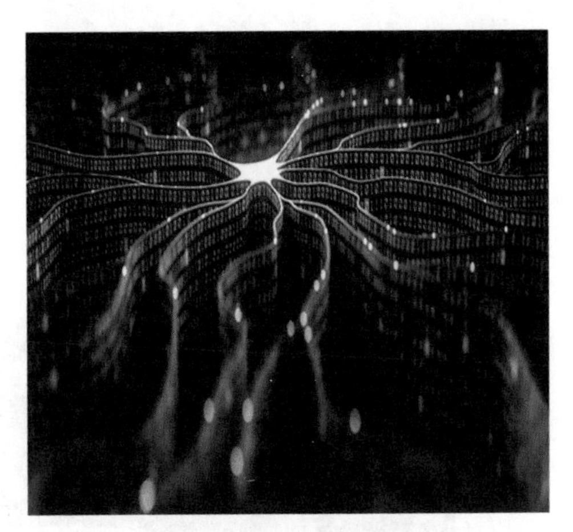

◎量子计算

为了便于理解，我们做一对照说明。在经典计算机中，一个信息存储单元称为一个比特，它是有两个不同的物理状态的物理系统，因此可以编码二进制数 0 或 1。经典计算机指令和数据都以二进制数形式编码，并用比特这样的物理系统集合态表示。比特是经典信息最小单位。在经典计算机中，信息被编码在位 0 和 1 中，其中 0 表示低电平电压信号，1 表示高电平电压信号。在一个确定的时间位的状态可能是 0 或 1。两个位只能编码四种类型中的一种：00，01，10 和 11。

然而，在量子计算中，信息被编码为量子比特，一个二能级量子系统。量子比特与经典比特不同，量子比特不仅有两个独立的态 $|0\rangle$ 和 $|1\rangle$，而且还可以制备这两个态的线性叠加态 $\psi=\alpha|0\rangle+\beta|1\rangle$（$\alpha$ 和 β 是复数）。即量子比特的一个独特属性是 $|0\rangle$ 和 $|1\rangle$ 能在一个确定的时间共存，处于量子力学所说的叠加态。因此，N 个量子比特能同时编码 2^N 类型。因为在量子物理中量子系统的态矢空间是个二维希尔伯特空间，所以一个量子比特就是物理上的一个二维希尔伯特空间。从这个角度看，与经典计算相比，量子计算的计算力非常强大，至少是经典计算的指数量级。

科学家给出了许多通俗的例子来帮助我们理解量子计算的本质。下面这个例子以形象化的图形向我们展示了量子计算机的原理。在经典计算机中，经典比特就是0和1，但在量子计算中，由于量子系统的特殊性，量子比特不再是一个简单的0和1，它是一个展开的二维空间。1个比特就展开一个二维的空间；如果是2个比特，则展开一个四维的空间；3个比特则是八维的空间。如果有N个比特，展开的空间就是2^N维度。这是一件非常可怕的事情，如果有300个比特的话，展开空间的维数就比宇宙的原子数目还要多了。

具备了这种指数加速能力，那么在某些问题上面，量子计算能力的提升将是惊人的。下面的这个图可以给我们一个比较直观的解释。一根线，我们称作一维，而一个面是二维的，一个立方体是三维的。我们没有办法想象四维是什么样子，但在线性代数中，我们其实很容易就会知道一个高维空间到底是什么。

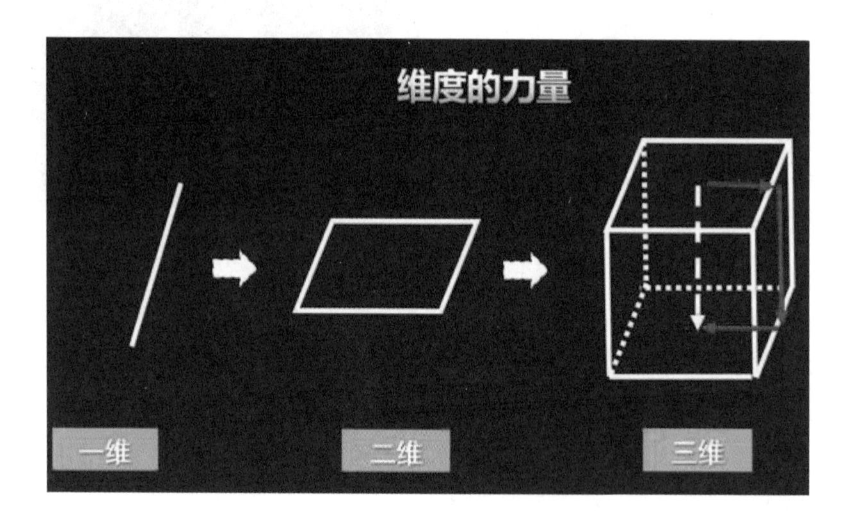

通常的一个例子是，如果你是一个二维生物，位于一个立方体上，要从一个点到另一个点，那么你只能沿着一个面走，你必须要绕一圈，没有其他办法。但是如果你是一个三维生物，可以走三维路径的话，就可以走直线过去。实际上，量子计算就是利用这样一个原理，把计算的初态放到一个高维空间里，通过一系列运算，计算出最后需要到达的位置，最后再测量这个位置。这是科学家给出的最基本的量子计算解释。①

① 参见墨子沙龙“未来趋势：量子互联网”活动：中科大朱晓波教授关于量子计算的报告。

总之，量子计算，就是实现量子态的操纵，指数大的空间，有效的模型，强大的计算能力。量子计算是对计算本质的发现，是对自然秘密的窥见。正如爱因斯坦所说的“宇宙最不可理解之处是它是可理解的”。量子计算虽然神秘，人类还是揭开了它的面纱。

二、量子计算的由来

量子计算起源于40多年前的第一届计算物理学会议。1981年5月6日至8日，麻省理工学院（MIT）和国际商业机器公司（IBM）在MIT的恩迪科特大楼组织了这次会议，有近50名来自计算和物理学领域的研究人员参加，以往这两个群体很少接触。

时间回到1961年，一位名叫罗尔夫·兰道尔（Rolf Landauer）的IBM研究人员发现了这两个领域之间的一个基本联系。他证明了每一次计算机擦除一些信息，就会产生一些热量，这与系统的熵增相对应，这就是著名的兰道尔原理（Landauer Principle）的普及版——信息删除必然伴随有其他热效应，从而建立了热力学和信息理论之间的一个基本联系。

谈到计算与物理学的这一联系，我们还需要再回到1949年。在这一年，计算机科学家、大数学家冯·诺依曼（John von Neumann）发表了一个重要演讲。他说，在进行基本计算时，即将0转换为1或相反时，一定存在一个必需的最低用电量。这样一来，将不可能精确地模拟传统物理学的世界，因为不仅在计算机上进行计算的时候需要电能，增加熵，而且如果计算机向后运行时，也会需要更多的电能，增加更多的熵。这个操作将是不可逆的，至少对于熵或信息来说，是不可逆的。

然而，1961年计算物理学家兰道尔却指出，至少计算的某些方面根本不用涉及耗费能量。这时，人们第一次认识到冯·诺依曼所说的并不是全部的事实。正如兰道尔所说，信息是物理的。

> 信息不可避免地表现为物理表现形式。它可以刻在石碑上，可以是一个向上的自旋或一个向下的自旋，可以是一个存在或不存在的电荷，是一张卡片上打的一个孔，也可以是其他物理现象。信息不仅仅是一个抽象的实体；没有物理载体，就不会存在信息。因此，它与物理学定律

紧密地联系在了一起。[①]

兰道尔还表示，逆转计算的过程以清除信息，用计算机术语讲，就是将寄存器复位至初始状态，有时是需要能量的。计算本身并不耗散能量，因此，原则上是可逆的。但是，每次信息被丢弃时，能量就被耗散了。为此，兰道尔建立了计算热力学的基本原理：兰道尔原理。

关于兰道尔原理的建立，我们需要做一点说明。在经典计算机发展过程中，追求计算速度更快的计算机一直是计算技术进步的原动力。计算机作为一个物理系统，计算过程是个物理过程，计算速度就必定被基本物理规律决定。经典计算机计算速度由电路元器件的开关时间和信号在线路中的传播速度两个因素决定。而这两个因素的改进都与计算机基本逻辑单元小型化有关。

计算机发展的历史，就是计算机元器件日趋小型化的历史。随着大规模集成电路技术进步，这种小型化物理极限早已成为人们关注的问题。人们发现物理规律对这种小型化限制表现在两个方面：一个是量子极限问题，作为导致量子计算概念的起源这一问题，用摩尔定律表示；另一个就是热耗问题。这两个问题的解决导致了经典可逆计算，而经典可逆计算的研究也为量子计算机概念的产生铺平了道路。

就经典计算机而言，一个位具有两个稳定取值 0 或 1，经典上可以看作是有两个自由度的物理系统。在绝对温度 T 下，达到热平衡时，每个自由度热运动能，按能量均分定理，将达到 kT 量级（$k=1.38\times10^{-23}$J/K，k 是玻尔兹曼常数，T 是温度）。经典计算执行基本的逻辑操作改变一个物理位，从一个状态变化到另一个状态，为了使需要执行的这些基本操作不至于淹没在热涨落中，每个基本逻辑操作所需要的能量至少应大于 kT 量级。如果这个能量耗散在机器中，随着集成电路芯片上元器件密度不断提高，聚积在机器中耗散的能量会越来越多，最终可能烧毁电路元件，这种小型化就必定受到热耗散限制。

在二十世纪六十年代初，兰道尔就对这种寻求计算更快、结构更紧凑计算线路物理限制做过深入研究。他尝试把物理中热力学理论应用到数字计算机物理系统中，把计算机系统的自由度区分为编码有信息的自由度和不携带信息的自由度。假设计算机作为一个整体是一个服从可逆动力学的封闭系统，注意到计算机执行的两

① Rolf Landauer, “Information Is Physical,” Physics Today 23（May 1991）.

个或更多个逻辑态演化为单一逻辑态的操作，通常是物理上不可逆演化过程，携带信息自由度熵的减少，必然伴随着不携带信息自由度或环境熵的增大。证明由于计算机不可避免地包含着执行非单值可逆逻辑函数的部件，这种逻辑不可逆和物理过程不可逆有关，并因此伴随着一定量的热产生。

考虑分隔成体积相同的左右两室的容器，其中一个粒子（这种情况下编码信息的自由度就取为粒子的位置，其状态由这个粒子处在左室或右室区分），可以以相等的概率出现在左右两室之一中。这个粒子处在左室或右室，代表一个比特的经典信息。为了清除粒子态的信息，必须使粒子不可逆的绝热膨胀充满整个容器，这个过程需要做 $kTln2$ 焦耳的功。兰道尔根据简单的模型和相空间压缩的热力学论证，证明在温度 T 下，擦除 1 比特的信息，需要耗散至少 $kTln2$ 焦耳的热量（k 是玻尔兹曼常数）。这一结果就是兰道尔原理（Landauer Principle）标准的表述形式。

根据兰道尔原理，如果计算机执行可逆逻辑，计算机以可逆方式执行计算任务，这样的机器就可以不耗散热量。1972 年兰道尔聘请理论计算机科学家查理·贝内特（Charlie Bennett）加盟 IBM，贝内特在读了兰道尔的论文并听了他的演讲后，深受启发，并于 1973 年发展了可逆计算理论，证明熵增可以通过一台以可逆方式执行计算的计算机来避免，他证明差不多所有的计算操作都可以以一种可逆方式进行。即不仅逻辑上可逆（每个门的输入和输出可以唯一地互相恢复，而且实际上可以逆方向运行，并且不伴随着信息的擦除，从而做到物理上也是可逆的），而且不伴随能量消耗。

◎左：兰道尔（Rolf Landauer）；右：贝内特（Charlie Bennett）

在进行这种可逆计算的操作练习时，贝内特意识到，在每种情况下计算都分成两个部分，第二个部分几乎在抵消第一部分的工作。他后来解释说：

> 计算的第一部分产生所需的答案……以及，在通常情况下，其他一些信息……计算的第二个部分会通过逆转产生无关信息的过程来对其进行处置，但是同时会保留所需的答案。这让我意识到通过积累通常会被丢弃的所有信息的历史，任何计算都可以转换成这些可逆形式，然后通过逆转产生它的过程来清除这个历史。为了避免逆转阶段会将所需的输出值和不需要的历史一起清除，只需要在逆转阶段之前将输出值复制到空白磁带上即可。[这种] 将输出值复制到空白磁带上的做法从逻辑上说已经是可逆的了。①

这就好像你有一块白板（贝内特称为“逻辑上可逆图灵机”），在这块白板上你可以用专门的笔书写所有问题的解答过程，包括最后的答案。然后，你可以将答案复制到一张纸上，将这支专门的笔用作橡皮清空白板上所有的过程。这样就剩下答案以及一块可以再次使用的空白的白板。

埃德·弗雷德金（Edward Fredkin）

贝内特的发现是纯理论的。他并没有计算出制造这样一台计算机所需的那种门电路的实用性，但是他证明了物理学定律并不限制这样做。接下来的工作是由另一位科学家埃德·弗雷德金（Edward Fredkin）推进的。埃德·弗雷德金是麻省理工学院教授，与兰道尔共同发起 1981 年的恩迪科特计算物理学会议。非常巧合的是，弗雷德金独立得出了同样的结论，尽管他从未获得过本科学位。事实上，大多数对量子计算起源故事的讲述都忽略了弗雷德金的关键作用。

弗雷德金不寻常的职业生涯始于 1951 年他进入

① Charles H. Bennett, “Notes on the History of Reversible Computation,” IBM Journal of Research and Development 44 (2000) : 270.

加州理工学院。尽管他在入学考试中表现出色，但他的家庭经济拮据，不得不做两份工作来支付学费。他在学校表现不佳，钱很快也用完了，1952 年他退学了，并加入了空军，但好在避开了朝鲜战争。几年后，空军派弗雷德金去 MIT 林肯实验室，帮助测试新生的 SAGE 防空系统。他学会了计算机编程，很快就成为了世界上最好的程序员之一，这个群体当时可能只有 500 人左右。

年轻时的埃德·弗雷德金（Ed Fredkin）

1958 年，离开空军后，弗雷德金在 BBN 公司工作，他建议公司购买了最早的两台电脑，并在这里结识了麻省理工学院的教授马文·明斯基（Marvin Minsky）和约翰·麦卡锡（John McCarthy），二人共同奠定了人工智能领域的基础。1962 年，他们陪同麦卡锡前往加州理工学院做了一次演讲。就在这里，明斯基和弗雷德金会见了理查德·费曼（Richard Feynman）。费曼给他们展示了一个手写的笔记本，上面写满了计算结果，并要求他们开发能够执行符号数学计算的软件。弗雷德金于 1962 年离开 BBN，创办了世界上最早的人工智能初创公司之一 Triple-I。1968 年，Triple-I 上市，弗雷德金成为百万富翁，明斯基聘请他为麻省理工学院人工智能实验室的副主任。

弗雷德金从战斗飞行员转业后成了计算机顾问，随后创立了自己的公司并因此成为富人。在此过程中，他一直致力于整个宇宙也许是个巨大的数字计算机的研究，这一想法在当时看来太异想天开了，今天情形已发生了改变。

弗雷德金还认为，物理学定律是可逆的。这在当时也是难以为大多数人所接受的。二十世纪五六十年代，人们普遍认为，计算机是不可逆的。为了证明自己的观点，弗雷德金致力于找到一种方式来表明制造可逆计算机是可行的。

如果物理学定律是可逆的，所有这一切意味着，在原则上，制造一台可逆的经典计算机是有可能的，这种可逆计算机可以精确模拟物理学的经典定律。弗雷德金认为宇宙是一个巨大计算机的想法听起来也不那么疯狂了。但是，从根本层面上来讲，宇宙是以量子物理学为基础在运行，而不是依据传统物理学在运行。那么接下来的问题是，计算机能精确模拟量子物理学吗？这就是费曼的贡献。

在讲述费曼的贡献之前，还是让我们回到弗雷德金。1971 年，弗雷德金成为麻省理工学院计算机科学和人工智能实验室（CSAIL）的前身 MAC 项目的主任。他还成为 MIT 的一名全职教授，尽管他缺少文凭。但是弗雷德金很快也厌倦了，所以在 1974 年他回到加州理工学院和费曼相处了一年。他们达成了协议，弗雷德金教费曼计算，费曼教弗雷德金量子物理。弗雷德金开始理解量子物理，但他不相信它。他认为现实的结构不可能建立在可以用连续测量来描述的东西之上。根据量子力学，像电荷和质量这样的量是量子化的——由离散的、可数的、不能细分的单位组成——而像空间、时间和波动方程这样的东西基本上是连续的。但是，弗雷德金坚信，空间和时间也必须被量子化，而现实的基本组成部分就是计算。他提出，现实必须是一台电脑！ 1978 年，弗雷德金在 MIT 讲授了一门名为“数字物理”的研究生课程，该课程探索了根据这种数字原理改造现代物理的方法。

然而，费曼仍然不相信，除了使用计算机运行算法之外，计算和物理之间还存在着有意义的联系。因此，当弗雷德金邀请费曼在 1981 年的第一届计算物理学会议上发表主旨演讲时，刚开始费曼拒绝了。不过，当弗雷德金答应他可以说任何他想说的话时，费曼改变了主意，并在接下来详细的演讲中阐述了他关于如何将两个领域联系起来的想法，该演讲提出了一种利用量子效应本身进行计算的方法。

费曼解释说，计算机在帮助模拟和预测粒子物理实验结果方面的能力很差。现代计算机是确定性的，给它们同样的问题，它们就会给出同样的解。另一方面，量子物理学是概率性的。因此，随着模拟中粒子数量的增加，对可能的输出执行必要的计算所需的时间将呈指数增长。费曼断言，前进的道路是建造一台利用量子力学进行概率计算的计算机。费曼没有为这次会议准备一份正式的论文，但在弗雷德金研究小组的研究生马格勒斯（Norm Margolus）博士的帮助下，他的演讲被记录并转录成稿，最后发表在《国际理论物理杂志》上，题目是“用计算机模拟物理学”。费曼的演讲，连同弗雷德金与麻省理工学院研究科学家托马索·托弗利（Tommaso

费曼（Richard Feynman）

Toffoli）合著的文章《保守逻辑》（*Conservative Logic*），构成了计算物理学这个新兴领域的基础。

1981 年第一届计算物理学会议之后，1983 年贝内特和蒙特利尔大学教授吉尔·布拉萨德（Gilles Brassard）在 1983 年发明了量子密码——一种利用量子力学发送信息同时防止窃听的方法。与此同时，费曼继续发展他的想法，正如他在洛斯阿拉莫斯国家实验室和 1984 年光学会议上所做的题为“遵循量子力学定律的微型计算机”的演讲中所解释的那样。

然而，如果没有美国麻省理工学院应用数学系教授彼得·肖尔（Peter Shor）的研究工作，量子计算机可能仍然是一个智力玩具。1994 年肖尔提出了一种方法，可以使用费曼设想的但尚未建成的量子计算机和一些聪明的数论来快速分解大数因子。这引起了政府和企业的兴趣，因为几乎所有现代密码系统的安全性都依赖于这样一个事实：将两个非常大的素数相乘很容易，但将乘积分解回其素数因子却异常困难。有了肖尔算法和一台足够强大的量子计算机来运行它，这项任务将变得简

第一届计算物理学会议，麻省理工学院，恩迪科特大楼，1981 年 5 月 6—8 日（Physics of Computation Conference, Endicott House, MIT, May 6-8, 1981）

1. Freeman Dyson, 2. Gregory Chaitin, 3. James Crutchfield, 4. Norman Packard, 5. Panos Ligomenides, 6. Jerome Rothstein, 7. Carl Hewitt, 8. Norman Hardy, 9. Edward Fredkin, 10. Tom Toffoli, 11. Rolf Landauer, 12. John Wheeler, 13. Frederick Kantor, 14. David Leinweber, 15. Konrad Zuse, 16. Bernard Zeigler, 17. Carl Adam Petri, 18. Anatol Holt, 19. Roland Vollmar, 20. Hans Bremerman, 21. Donald Greenspan, 22. Markus Buettiker, 23. Otto Floberth, 24. Robert Lewis, 25. Robert Suaya, 26. Stand Kugell, 27. Bill Gosper, 28. Lutz Priese, 29. Madhu Gupta, 30. Paul Benioff, 31. Hans Moravec, 32. Ian Richards, 33. Marian Pour-El, 34. Danny Hillis, 35. Arthur Burks, 36. John Cocke, 37. George Michaels, 38. Richard Feynman, 39. Laurie Lingham, 40. P. S. Thiagarajan, 41. Marin Hassner, 42. Gerald Vichnaic, 43. Leonid Levin, 44. Lev Levitin, 45. Peter Gacs, 46. Dan Greenberger.

单，世界上大多数通过无线电波和互联网传输的机密数据一旦被截获，就可以很容易地解密。

关于肖尔算法我们将在后文做较为详细的阐述，现在需要说明的是，1981 年的第一届计算物理学会议不仅诞生了该领域开创性的论文，还诞生了一张计算和物理领域一些最伟大的思想家的照片。上图的照片拍摄于恩迪科特大楼下的草坪上，照片中包括费曼和弗雷德金，以及弗里曼·戴森（Freeman Dyson），二十世纪最有才华的物理学家之一；康拉德·楚泽（Konrad Zuse），德国工程师，1941 年制造了世界上第一台完全可编程自动数字计算机；汉斯·莫拉维克（Hans Moravec），当时他刚刚制造了一个可以通过视觉导航的机器人；丹尼·希利斯（Danny Hillis），创建了思维机器（Thinking Machines）公司，并聘请费曼作为其第一名员工；还有许多现在家喻户晓的人（至少在计算机科学和物理学领域）。这让人想起 1927 年第五届索尔维电子与光子会议上的著名照片，照片中有阿尔伯特·爱因斯坦、尼尔斯·玻尔、泡利、海森堡和其他量子力学新兴领域的领军人物。遗憾的是，物理学家查理·贝内特（Charlie Bennett）不在这张计算物理学会议照片里，因为他是拍照片的那个人。

1927 年，在比利时布鲁塞尔举行的第五届索尔维电子与光子国际会议，留下了这张被称为“有史以来最聪明的照片”。

2021 年 5 月 6 日，在计算物理学会议成功举办 40 周年之际，IBM 举办了

“QC40：计算物理学会议”，回顾过去40年的发展，展望未来，一起书写量子计算历史的新篇章。这个庆祝量子计算诞生40周年的活动在线上举办，一直从美国东部时间2021年5月6日上午8:30持续到下午5:00（北京时间晚上8:30到次日凌晨5:00）。1981年会议的与会者和量子计算领域的先驱进行了小组讨论和主题演讲。感兴趣的读者可以在网上查阅到这次会议的议题和部分演讲。①

三、费曼与量子计算

非常幸运的是，理查德·费曼（Richard Feynman）参加了40年前的第一届计算物理学会议，深入思考了“如何运用量子力学的规律来实现更为高效的计算”的问题，为量子计算的发展做出了重要贡献。

◎费曼（Richard Feynman，1918—1988）

在这次会议上，费曼做了一个具有里程碑意义的报告：“用计算机模拟物理学”（Simulating Physics with Computers）。在这一主旨报告中，他提出了两个问

① 40年前的5月，量子计算诞生了。来源光子盒研究院 光子盒 2021-04-29 https://www.technologyreview.com/2021/04/27/1021714/tomorrows-computer-yesterday; https://www.ibm.com/blogs/research/2021/03/qc40-physics-computation；https://qiskit.org/events/physics-of-computation/。

题。第一个问题是：经典计算机能有效地模拟量子物理学吗？这是一个非常重要的问题。

今天我们高度依赖计算机，我们所用的计算机也都是经典计算机。物理学家用它们去计算和解释物理现象，并且实际上，计算效果确实非常好。这是因为经典物理现象都能用微分方程进行描述，而恰好经典计算机非常擅长解决这类问题。在很多领域，经典计算机都能非常好的模拟物理系统。但是费曼思考的是，如果不仅仅考虑经典物理，而且考虑量子物理的情形，情况又将如何呢？

正如费曼所指出的："现在的计算机用来模拟经典力学很成功，但模拟量子力学就会失败，因为计算量会爆炸。"原因何在？因为量子力学具有量子相干叠加态和量子纠缠，这导致了量子世界的不确定性，同一个原因会产生不同的结果，我们对量子系统的描述只能用概率的语言。用费曼的话说就是，"在量子力学中我们只能预测概率"。

也就是说，在量子理论中，虽然仍用微分方程来描述量子系统的演化，但由于量子系统的相干叠加和量子纠缠，量子系统中变量的数目却远远多于经典物理系统。如果你仍然想用经典计算机来模拟量子系统，即用经典计算机模拟经典系统的老思路，那么为了描述量子系统的相干叠加、量子纠缠及其演化，经典计算机需要额外的计算资源和运算时间。随着所要模拟的量子系统中微观粒子数的增加，经典计算机所需的资源和时间就会呈指数量级增长，最终变成不可能完成的任务。因此，费曼提出了这个问题，并得出结论："这是不可能的"。因为目前没有任何可行的方法，可以求解出这么多变量的微分方程。

既然经典计算机不能有效地模拟量子物理系统，那么我们是否可以拓展一下计算机的工作方式，不是使用逻辑门来建造计算机，而是用一些其他的东西，比如分子和原子。如果我们使用这些量子材料，它们具有非常奇异的性质，尤其是波粒二象性，是否能建造出模拟量子系统的计算机？也就是说，能否用一个可以被操控的量子系统（量子计算机的初步概念）去模拟想要模拟的量子系统？因为大家都是量子系统，特性一样，就不需要额外的资源去模拟了。于是，他提出了第二个问题：量子计算机能有效地模拟量子物理学吗？

这是一个非常重要且极具创新性的问题。当时可能没有计算机科学家这么想过，但是作为物理学家的费曼就会这么思考，他从物理学家实用主义的角度来思考这个问题。这种发散性思维极富创造性。最后费曼得出结论：原理上这是可行的，值得一试！

Richard Feynman

"Simulating Physics with Computers" (1981)

Q: Can quantum physics be simulated efficiently
-- by a classical computer?
Unlikely.
-- by a "quantum" computer?
Hopefully!

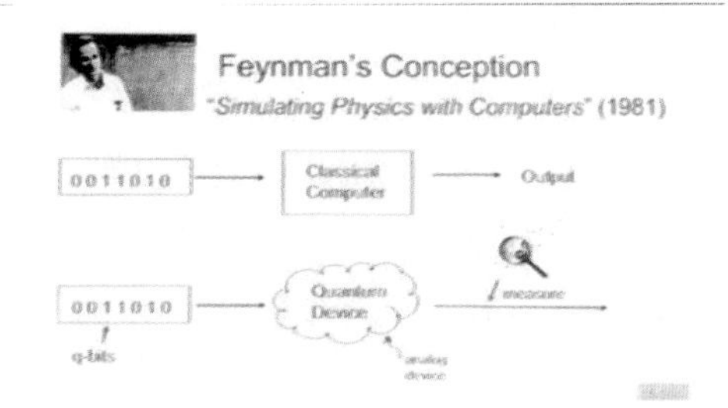

事实上，早在1959年12月，费曼就发表了一个题为“底层的充足空间”（Theres Plenty of Room at the Bottom）的著名演讲[1]。一个更好的翻译可能是“微观世界有无垠的空间”。费曼所说的“无垠的空间”指的是可以把大量的信息和操作都集中在一个极微小的空间里。在这个演讲中，他指出了机器微型化的发展方向，即我们今天所称的纳米技术，这是机器微型化的最终形式。在演讲的结尾部分，费曼说：

> 当我们达到这一非常微小的世界，比如7个原子组成的电路时，我们会发现许多新的现象，这些现象代表着全新的设计机遇。微观世界的原子与宏观世界的其他物质的行为完全不同，因为它们遵循的是量子力学的规律。这样一来，当我们进入微观世界对其中的原子进行操控时，我们是在遵循着不同的定律，因而我们可以期待实现以前实现不了的目标。我们可以用不同的制造方法。我们不仅仅可以使用原子层级的电路，也可以使用包含量子化能量级的某个系统，或者量子化自旋的交互作用。

费曼最核心的见解——虽然简单却很深邃——是小小的原子是可利用的构造单元。因此，如果你能够在原子尺度上进行加工，就可以把器件压缩到令人难以置信的程度，实现终极的小型化。要知道，在1959年，最先进的计算机使用的是真空管，不仅价格昂贵、能耗高，体积也大到可以塞满一个大房间。而今天一个小小的

① Richard Feynman. There's plenty of room at the Bottom. Journal of Microelectromechanical Systems. Vol.1. No.1. March 1992.

现代智能手机运算能力更强大，功能也更多。因此，确实是时候来了解量子力学定律对计算机的重要影响了。

事实上，量子物理学从二十世纪初产生以来不断取得成功，获得了实验的不断验证。量子物理学似乎是比经典物理学更为基本的描述物理世界的理论。量子系统也是真实存在的，展示出了许多神奇的现象，比如量子相干叠加性、量子隧穿和量子纠缠等，包括“薛定谔猫态”的制备和“量子远程传态”的实现。因此，对于喜欢钻研探究、思维活跃的费曼来说，具有预见性地提出“如果我们放弃经典的图灵机模型，是否可以做得更好？”这样的问题，是情理中的事。

提出一个好的问题固然重要，但也需要付诸实施，去解决它。对费曼而言，这个问题是需要想办法解决的。因此，他说：“好吧，让我们看看我们能做些什么，如果我们不能以标准的方法去做，是否有新办法可以解决这个问题，从而获得正确答案？”他做了一些验证性实验。然后他推测，这个想法也许可以实现。

费曼的想法是，对现实的量子系统模型而言，标准的自动机和普通的计算机是不够的。复现量子力学的怪诞性需要用量子计算机，这类计算机建立在叠加态的基础上。他建议，可以用处于自旋向上和自旋向下叠加态的电子，或者处于顺时针偏振和逆时针偏振叠加态的光子作为二进制的量子元素。这种被推广到量子计算领域的比特就是量子比特。

“量子比特”这个术语的发明通常被归功于量子信息物理学家本杰明·舒马赫（Benjamin Schumacher），1995 年麻省理工学院的舒马赫教授第一次提出了量

约翰·惠勒（John Wheeler，1911—2008），美国物理学家

子比特信息学上的概念，并创造了“量子比特”这个说法。根据舒马赫，在量子计算中，作为量子信息单位的是量子比特，量子比特与经典比特相似，只是增加了物理原子的量子特性。和费曼一样，舒马赫曾师从物理学家约翰·惠勒（John Wheeler）。惠勒是玻尔的学生，也是极具创造性的物理学家，他桃李满天下，费曼是他早期的研究生，也是他最好的合作者，他们关系密切，亦师亦友。

1939 年的春天，费曼来到普林斯顿大学，不知是命运的安排还是偶然的机遇，费曼原本被指派为物理学家维格纳（Eugene Wigner）的教学助理（维格纳也对量子测量理论感兴趣，并持有与大数学家、计算机的奠基人冯·诺依曼相近的观点①），但就在最后关头，费曼被调去担任惠勒的教学助理。于是，两位具有高度原创性的思想者相遇了，并成为了天造地设的一对研究搭档：费曼谨慎周密、擅长计算；惠勒果敢而充满想象力，擅长提出意义深远的概念。从此，提出离奇的设想，并不断对其进行修改和打磨，得出可行的结论，成为他们最擅长的工作。两人后来的回忆都认为，这次临时的人选调换是自己事业中最幸运的事情之一。

事实证明，费曼和惠勒的合作是富有成效的。费曼的路径积分方法，即所谓的“对历史求和”的概念，就是他们合作的硕果，产生了一种看待量子物理学基础的全新视角。1941 年左右费曼提出路径积分方法，惠勒发现了费曼的路径积分方法的真正惊人之处，它把量子动力学的艰深机制变得像光学原理一样简单。惠勒认为，路径积分方法以一种比海森堡和薛定谔的形式体系更自然的方式，把经典理论和量子理论联系在一起，这得益于费曼卓越的创造性思维。

为了帮助费曼宣传这一革命性的概念，惠勒决定给路径积分取一个“对历史求和”的别名。因此，“对历史求和”的概念，这个想法来自费曼，而由惠勒命名。惠勒认为，这一革命性的方法把现实看作一系列可能性的组合，就像一首歌由多条音轨合并而成。一个电子如何穿过马路呢？费曼和惠勒指出，在量子力学中，正确的答案是，电子走了每一条在物理上可行的路径，而真实的路径是所有这些路径的组合。

令人惊叹的是，在历史求和的概念提出 40 年之后，费曼竟然在量子计算中找到了它的新应用。根据费曼，在量子计算中，量子比特可以被组装成格，类似于经

① 维格纳认同冯·诺依曼的量子测量假说，接受他的物理 – 心理平行主义，倡导量子测量的主观主义解释。为了实现“波包塌缩”，终止无限复归的仪器链，最后必须求助“抽象的自我”参与整个测量过程作“最后的一瞥”。

典的元胞自动机。根据量子动力学的规则，每个单元可以与其最邻近的单元相互作用。这类设备可以把对历史求和的方法带入控制论领域，依靠大自然的不确定性来传递更广泛的信息，直到观测者实施测量，将量子叠加态分解为其中一种量子态，并产生最终结果。量子计算机并非沿着一条线性路径通往答案，而会同时尝试所有可能的路径，由此节省下大量时间。这就好比一座迷宫中有很多只老鼠同时在寻找一块奶酪，它们可能很快就会找到那块奶酪。

关于“计算机的未来发展”，费曼曾在日本做过一次演讲。在演讲中，他着重谈了三个问题：第一个就是并行处理计算机，这在当时还处于研发状态。费曼讲了计算机并行运算的可能性，指出研制并行处理计算机，科学家和程序员必须对计算机的内部结构有个新理解，并在此基础上重新编写整个程序。现在计算机的并行处理能力已非常强大，费曼的预见早已实现。

第二个是计算机的能量消耗问题。费曼指出，越是大型计算机，冷却所需的能耗越多，减少计算机的能耗，最好的办法是制造更小的晶体管。缩小晶体管的尺寸，不仅可以减少能耗，而且有助于提升晶体管的运转速度，更快地启动或关闭晶体管。现在电子计算机的元件越来越小，运转速度越来越快，能耗也大大减少。

第三个是计算机的大小问题。在费曼看来，计算机当然越小越好，但问题是：在自然规律作用下，我们能制造出来的计算机理论上还能小到什么程度？是否能够造这样一台计算机——它的书写比特是原子大小的？如果我们依据适用于常规物体的定律来设计这台机器的话，它是不会正常运转的。我们必须运用新的物理定律——适用于描述原子运动的量子力学定律。

1984 年费曼在阿纳海姆（Anaheim）的一次讲话中，提出了他的另一句名言：“物理学定律似乎不会阻碍计算机体积的减小，直到原子成为比特的最小单位。量子行为具有决定性的影响。”

总之，费曼认为，制造量子级别的计算机，理论上是可能的。因为自然是量子的，如果我们想要模拟它，我们就需要一台量子计算机。而对量子力学的研究表明，量子力学对这样的计算机并没有太多的限制，但以下三个物理学限制除外。一是大小限制在原子级别；二是能量需求取决于物理学家贝内特计算出来的时间（能耗时间 = 常量）；三是它与光速有关，不可能以快于光的速度发送信号。在这个演讲中，费曼再次以他的智慧，天才地预见了未来计算机的发展趋势。

从 1981 年费曼提出“用量子计算机模拟物理（世界）”的思想以来，量子计算不断激发科学家的好奇心和想象力。1985 年，牛津大学物理学家大卫·多伊奇（David Deutsch）沿着费曼的设想，提出了量子图灵机模型，使得通用量子计算机的构建更加清晰。1992 年后，多伊奇和约萨（Richard Jozsa）一起又提出了多伊奇－约萨算法（Deutsch–Jozsa algorithm），这是量子并行计算理论的基石。

四、平行宇宙、多伊奇与量子计算

◎大卫·多伊奇（David Deutsch）

从 1981 年费曼提出“用量子计算机模拟物理（世界）”的思想以来，量子计算不断激发科学家的好奇心和想象力。1985 年，牛津大学物理学家大卫多伊奇（David Deutsch）沿着费曼的设想，提出了量子图灵机模型，使得通用量子计算机的构建更加清晰；1992 年后，多伊奇和约萨（Richard Jozsa）一起又提出了多伊奇－约萨算法（Deutsch–Jozsa algorithm），这是量子并行计算理论的基石，稍后会做说明。

非常有趣的是，多伊奇对量子计算机的构想受到了量子力学的多世界解释或说平行宇宙概念的启发（关于“平行宇宙”或说“多世界解释”参见附录四）。“多世界解释”是惠勒的研究生埃弗雷特（Hugh Ⅲ，Everett）提出的，由于带有形而上学的特征，遭到了一些物理学家的批评。为了能顺利通过博士论文答辩，惠勒让埃弗雷特删除了许多新鲜的内容，最后通过了答辩，但埃弗雷特很灰心，最终离开了学术界。

埃弗雷特的多世界解释沉寂了好久，不曾想得到了物理学家德威特 (Bryce Dewitt) 的关注。1977 年德威特邀请埃弗雷特在奥斯汀召开的一次会议上做了一个长达四个小时的演讲，多伊奇在观众席聆听了这次演讲。在午餐时多伊奇和埃弗雷特讨论了许多有关宇宙的看法，多伊奇开始相信，这是了解量子力学的正确方法。

之后不久，多伊奇提出了建造一台可以检验“多世界解释”的有自我意识的机器的想法。埃弗雷特的“多世界解释”原本被认为不可检验，因此有人认为它不是“真正的科学”。但是到了 1978 年，多伊奇设计了一个思想实验。这个思想实验是，有这样一台计算机，如果超过一个以上的真实世界产生了干涉，这台计算机就能感知到它们的存在。后来他才意识到，这实际上就是一台量子计算机。

1982 年，在接受英国广播公司（BBC）保罗·戴维斯（Paul Davies）的采访时，多伊奇描述了这个实验的目的、关键和设置。实验目的：“如果一个观察者的记忆处于两种不同的状态，需要观察它们之间的干涉效应会有何不同”。这里“观察者”是一台基于量子理论运行的量子计算机。不过当时多伊奇还没有使用这个名称。实验的关键：“观察这个人造观察者大脑中出现的干涉现象……。”这里所说的观察者，指的是负责观察原子系统状态的特征如自旋的一个“量子存储单元”。实验设置：在干涉发生之前，系统处于叠加态。在其中的一个平行宇宙中，这个观察者的大脑将意识到原子自旋向上；在另一个平行世界中，这个大脑将知道原子自旋向下。不过，这个观察者的大脑不会在同一时刻观察到既向上又向下的自旋。在这个阶段，它可以与外部观察者进行交流，以向它的人类同事确认它正处于一种可能状态，并且只有一个可能状态，而没有处于叠加态。但它并不会告诉这些人类同事，它到底处于哪一个可能状态，因为干涉只能在孤立系统中发生。一旦与外界系统发生纠缠，就会退相干。

随后，干涉发生。在这两个宇宙中，结果是相同的，如果埃弗雷特是正确的，这个结果将等同于双缝实验中穿过两个孔的电子所产生的干涉。这两个宇宙已经变得彼此相同，但是，虽然每个宇宙都记录了干涉，每个宇宙也都包含了证明那个宇宙只存在一个历史的证据：

> 如果干涉发生了，它［量子计算机］可以推断，这两种可能性在过去肯定是平行存在的，这就支持了埃弗雷特的解释。不过，如果传统的解释是正确的［波函数将会塌缩］，虽然它仍然有可能会写下“我只观察到一个可能性”，但是等它看到干涉现象时，干涉已经结束了（即干涉不会发生）。于是，这就证明了埃弗雷特的解释是错的。

这可能有点难以理解。但是多伊奇在《无穷的开始》（*The Beginning of Infinity*）一书中，提供了一个更简单的证据来证明平行世界的实在性，并认为

"量子干涉现象成为多重宇宙及其规律存在的主要证据。"

1985 年，多伊奇发表了一篇论文，这篇论文是寻求开发量子计算机的开始。这篇论文的灵感来源是他与 IBM 的计算物理学家贝内特的谈话。贝内特让多伊奇了解到"丘奇－图灵原则"在物理学上的重要性。用图灵的话说，"发明一台可以用于计算任何可计算序列的机器是可行的。"在二十世纪三十年代中期，图灵的这个观点为通用经典计算机指明了方向。二十世纪八十年代中期，多伊奇的观点为通用量子计算机指明了方向。

多伊奇描述了图灵机的量子泛化，并且表明"一台通用量子计算机"可以按照这样的原则建造，即每一个可以有限实现的物理系统，都可以通过用有限方法运行的通用型号的计算机进行完美的模拟。在原则上，可以建造类似通用量子计算机的计算机，这种计算机会有许多任何图灵机无法具有的非凡的属性，不过它们也可以完美模拟任何这样的图灵机。他强调说，开发这样的机器的强烈动机是为了证明"经典物理学是错的"。特别是，多伊奇的研究引发了人们对量子并行性的关注，使得这样的计算机可以比任何经典计算机，以更快的速度执行特定的任务。

也就是说，量子并行性是多伊奇对量子计算感兴趣的原因。除了寻找证明多重宇宙存在的证据外，多伊奇对建造这样的计算机的实用性或它们可能取得的成果并不感兴趣。在 1985 年里程碑式的论文中，他明确表示，量子理论是关于平行干涉宇宙的一种理论，并提出了一个初步问题：当一台量子计算机需要在不到一天的时间里进行两个"处理日"的计算时，"在哪里进行计算呢？"大多数使用机器计算的人会忽视这问题，满足于计算机可以解决他们的实际问题。但是，在多伊奇看来，我们不能把这个问题掩藏起来。在继续探讨 21 世纪量子计算的可行性之前，有必要总结一下多伊奇对于量子多重宇宙的思考。

多伊奇将多重宇宙描述为共同进化的所有宇宙的集合，就像齿轮相扣的机器，动一个就会触动其他所有。因此，当我们谈论薛定谔猫时，我们不应该只考虑盒子中的一只猫，或者两个平行世界里两个盒子中的两只猫，而是无限数量盒子中无限数量的猫。在一半的这些平行宇宙中，猫是死的，在另一半的平行宇宙中，猫是活的。在更微妙的情况下，不同的概率会有不同的可能结果。例如，我们可以说在 25% 的宇宙中一个历史在发展，在 60% 的宇宙中另一个历史在发展，在 15% 的宇宙中第三个历史在发展。正因如此，在放射性衰变等情况下，从那个宇宙中的一个观察者的角度来看，任何一个宇宙中的结果完全是随机的，即遵循概率法则。

多伊奇还认为，无限多重宇宙表明的另一方面是，所有没有违背物理学定律的小说或故事都是事实。因此，简·奥斯汀的所有小说都是在叙述与我们平行的现实世界里发生的真实事件。而《指环王》并非如此。在无限数量的宇宙中，有许多作家正在忙着写他们认为是关于一个叫多伊奇的量子物理学家的虚构小说，其中有一个多伊奇写了一篇关于通用量子计算机概念的里程碑式的论文。

通过使用一种被称为“可替代性”的法学概念，多伊奇清楚地阐明了多重宇宙和量子计算机之间存在的联系。如果两个物体被认为是相同的，从法律上讲，它们就被认为实际上是可以相互替代的。常见的例子是钞票。如要我向你借了一张 100 元的钞票，并答应周五还你，你不会期望我会把原来的那张 100 元钞票还给你，而是只要是 100 元的钞票就可以。所有的 100 元钞票只要是真钞，在法律上都是可替代的。而汽车似乎不具有这种可替代性。

多伊奇认为，具有相同历史的宇宙在字面上和物理上都是可以替代的。这超越了平行宇宙的概念，意味着这些宇宙并行，但是在空间或超空间中是分开的。两个或两个以上的可替代的宇宙，因为量子现象如双缝实验而变得不同，导致多重宇宙内产生了多样化的宇宙，但是依然遵循概率法则。当这一过程发生时，这些宇宙只可以短暂地相互干涉。

但是量子干涉被量子纠缠抑制住了，因此一个物体越大，越复杂，它越不会受到干涉的影响。这就是为什么我们要构建精细的实验，来查看正在发生的干涉，也回答了为什么建造量子计算机会有这么大的实际问题。在量子计算机中，除了在特别的地方，必须要避免发生量子纠缠。多伊奇认为，像我们这样的一个宇宙，实际上是由一组处于亚微观层级的粗粒度不同于彼此的历史组成的，但是通过干涉影响彼此。每一组这样的粗粒度的量子计算历史“有点类似于经典物理宇宙的历史”，这些粗粒度的宇宙很符合科幻小说中我们熟悉的对平行宇宙的描述。

总之，根据多伊奇和其他人的研究，量子计算处理的信息是量子比特。量子比特的主要特点是：它不仅以状态 0 或 1 存在，而且以这两种状态的叠加态存在。此外，量子比特还有一个重要属性，像其他量子实体一样，量子比特可能会相互纠缠。使用量子计算机进行计算时，指令集（程序或算法）最初通过将部分量子比特（输入寄存器）置于叠加态来设定这个“问题”。如果每个量子比特被视为一个数字寄存器，那么它可以同时存储两个数字。

接着，计算将信息传递至阵列中的其他量子比特（输出寄存器），而不是传播至外部世界（阻止信息过早泄露和被纠缠所破坏是建造量子计算机的一个至关重要的实际问题）。大致来说，输入寄存器的每个组件与输出寄存器的相应组件纠缠在一起，就像 EPR 实验中的光子一样。信息已经存储在叠加态所代表的所有历史中，用日常语言来说，就是在所有的平行宇宙中，信息被同时处理。

最后，这些量子比特可以以受控的方式进行干涉。这样就可以提供来自所有这些历史的混合的信息，即一个“答案”。计算机在不同的历史（不同的宇宙）中进行不同部分的计算，并基于这些历史之间的干涉产生了一个答案。

五、宇宙是一台量子计算机吗?

当物理学家说，宇宙是数字的，这相当于说宇宙是量子化的。描述宇宙的量子物理学就是如此。在量子世界，一切都是数字化的，也即量子化的。描述量子信息的基本单位——比特是量子化的，量子比特既可以是 0 也可以是 1，还可以是 0 和 1 之间的任何数字。这种量子化或数字化适用于已经在量子世界里被测量的一切物质。因而，量子物理学家很自然就认为在某个微小的层级上，除了那些还不能被测量的物质，时间和空间本身是量子化的。

例如，电子等实体具有所谓的“自旋”属性。自旋是用以表征电子的一个标签，并不是说电子会像回旋仪一样旋转。一个电子可以有 1/2 自旋或 –1/2 自旋，但是它不能有任何其他值。所有的电子都有半整数自旋，如 1/2，3/2 等。电子被称为“费米子”，是构成真实世界的粒子家族中的一类。构成真实世界的另一类粒子家族是玻色子。所有玻色子都有整数自旋，如 –1，2 等。但没有中间值。一个光子是一个自旋为 1 的玻色子。这种量子化或数字化适用于在量子世界中已经被测量的一切物质。因而，量子物理学家很自然就认为在某个微小的层级上，除了那些还不能被测量的物质，时间和空间本身是量子化的。

可以观察到的空间的量子化这一层级就是所谓的“普朗克长度”（为纪念普朗克对能量子的伟大发现而命名）。如前所述，1900 年普朗克因研究黑体辐射而提出了能量的量子化概念，即 $E=hv$（其中 E 是能量，h 是普朗克常数，v 是辐射频率），从而打开了量子论的大门。爱因斯坦在 1905 年把能量量子化的概念推广到光辐射，用光量子的概念解释了光的辐射传播行为。这表明宇宙万物是连续与不连续的统一。

普朗克常数是量子力学的核心数字。普朗克长度的大小就是用万有引力常数、光速和普朗克常数三个数字的相对大小计算出来的。普朗克长度用数字符号表示就是 10^{-23} 厘米，非常小。一个质子大约为 10^{20} 个普朗克长度，用日常语言来说，这是 1 万亿亿个普朗克长度。这就不难理解，为何在宏观世界通常看不到量子效应，因为即使在我们最精细的实验中这种颗粒度的影响也不会出现。

那么，最小可能的时间间隔（时间的量子）有多短？那就是光穿过普朗克长度需要的时间，等于 10^{-43} 秒。这带来一个有趣的结果，由于时间不可能再短，或者说时间的间隔也不可能再短，因此，在今天所理解的物理学定律的框架内，我们不得不说，宇宙诞生的时间为 10^{-43} 秒。之后，才开始宇宙的膨胀。因此，普朗克长度对宇宙学产生了深远的影响。

普朗克的量子论对通用量子模拟机也产生了深远的影响。费曼 1981 年在麻省理工学院演讲时强调说，如果空间本身就是一种网格并且时间在不连续地跳跃，那么在一定量时间内和一定量空间内正在发生的一切都可以用有限的数量来描述。这个数字是有限的，但可能是巨大的，但不会是无限的。这才是最重要的。在一定量空间和时间里发生的一切，可以在一台量子计算机中用有限数量的逻辑运算进行精确模拟。这种情况非常类似于物理学家分析晶格行为的方法。费曼表明，玻色子的行为适合于进行这种分析。不过，在 1981 年他无法证明可以用一个模拟器来模拟所有的量子相互作用。

然而，在二十世纪九十年代，美国麻省理工学院物理学教授、量子计算科学家赛斯·劳埃德（Seth Lloyd）继续了费曼的研究。劳埃德是量子机械工程领域的一位有影响力的思想家。他在美国哈佛大学和英国剑桥大学接受教育，是第一个提出“量子计算机在技术上可行的设计”的人。他在 2006 年出版的《编程宇宙：量子计算机科学家解读宇宙》（*Programming the Universe: A Quantum Computer Scientist Takes On the Cosmos*）一书①中指出，宇宙是一台计算自身演化的巨型量子计算机。

劳埃德证明，量子计算机在原则上可以模拟更大范畴的量子系统的行为。也就是说，如果我们能继续实现费曼的量子模拟观点，我们可能有朝一日不但能模

---

① 参见中译本赛斯·劳埃德著．张文卓译．编程宇宙：量子计算机科学家解读宇宙［M］．合肥：中国科学技术大学出版社，2022.

拟电子和基本粒子的行为，而且能模拟宇宙本身的行为。模拟整个宇宙需要一台和宇宙一样大的量子计算机的事实，可能不会成为人类探索宇宙奥秘前行路上的障碍！

◎赛斯·劳埃德（Seth Lloyd）

宇宙是一台量子计算机？感觉有点不可思议。但根据“万物源于量子比特”（it from qubit）的思想，宇宙最初是一个巨大的量子比特海洋，量子比特是所有物理实在，包括所有粒子、所有力场，甚至是时空连续体本身，得以存在的源泉和基础，即量子比特对宇宙万物的生成负责。因此，量子比特一定先于我们宇宙中的其他事物而存在，它们一定参与了宇宙大爆炸。正如劳埃德所说，“大爆炸也是（量子）比特爆炸”。

给定这一假设，现在的形而上学思想实验解释了我们的宇宙的诞生和性质：最初只有原始量子比特海或者说量子比特源。我们宇宙的诞生即大爆炸是这个量子比特海中一个量子泡沫泡的形成和膨胀。最初，原始量子比特海中的量子比特与这个量子泡沫泡疾速地相互作用，产生额外的量子泡沫和这个量子泡沫泡的爆炸性膨胀。

在大爆炸期间，量子定律和量子泡沫一起产生基本粒子和时空矩阵。随着这个疾速膨胀的量子泡沫泡变冷，各种“标准模型”的量子粒子开始形成，包括最终的希格斯玻色子。随着希格斯玻色子的到来，膨胀的速率急剧下降，但并不完全消除。随着原始量子比特海产生越来越多的量子泡沫，我们的宇宙继续加速膨胀，或许增加的量子泡沫是“暗能量”，它们加速了我们的宇宙的膨胀。

这样，经典世界中的实体包括时空和引力就可以理解为是由潜在的量子真空产生的，或许这其中还受原始量子比特海的协助。但是，经典世界的“自然律”诸如爱因斯坦的光速要求仍然适用于经典王国，而“幽灵般的远距离相互作用”则是由我们时空之外的量子纠缠高维时空产生的。

而且，鉴于宇宙在快速地记录和处理信息方面，无异于一台我们现今正想方设法研制的量子计算机，一个量子数据比特结构，或许我们还能把一个量子实体的每个叠加态，阐释为很像是量子计算机中一个子程序那样的东西，当它们从一个测量或其他物理作用那里接收到一个适当的信息位时，它们就被激活，呈现为一个分立的状态。这就从量子计算的视角阐释了量子测量的“波包塌缩”问题，或说“量子如何向经典”跃迁。

在这个经典和量子共存的世界，经典的可测量实体来源于一个连续膨胀的量子比特序列，这些量子比特通过创造一个无穷大的物理可能叠加集，一起建立了物理上的可能世界。从这个无穷大、始终在膨胀的可能叠加集，信息共享产生了现实存在，即处于特定位置的日常经典物体，具有可观察和可测量的性质，这是一个量子退相干的过程，也是一个量子计算的过程。宇宙在做量子计算！

六、量子算力跃迁的源泉：可控的量子叠加和纠缠

量子计算具有经典计算无法比拟的高度并行计算能力。量子计算能够快速运算的奥秘是什么？它是如何做到的？迄今，外行仍然不能理解。我们只知道，量子计算超越经典计算，具有强大的计算力，因为量子计算依托的是量子力学。量子力学的特点是，微观世界是量子化的，不连续的，拥有不可分的最小单元，比如光子。量子力学的典型特征是：量子叠加和量子纠缠。量子纠缠，没有经典对应，是量子世界的本质特征。

关于量子计算机为何具有比经典计算机更为强大的算力，通常的一个回答是：量子计算机具有并行计算的能力。比如，对许多计算问题来说，它们有很多不同的解。你需要遍历搜索每一个解，去查看哪一个是你想要的正确答案。现在假设你有一台理想的并行计算机，你可以使用非常多的处理器进行并行搜索。原则上，你可以大大加快运算速度。因此，对于量子计算的神秘性这样的问题可以这样来回答：量子计算机的超强计算能力来自于它的并行搜索能力。正是这种量子并行性使得量子计算机如此强大。

为了理解量子计算的这种并行性，潘建伟院士和姚期智院士都曾用这样一个比喻来解释这种特性：在中国的神话故事中，有一个美猴王叫孙悟空。他有一项本领：可以变出许多个自己。他只需要拔下一根汗毛吹一下，就能变出一个一模一样的自己。量子并行性就相当于所有这些猴子在同时进行搜索——众人拾柴火焰高。4 比特量子计算机 2×2×2×2=16 个 4 比特经典计算机。量子计算机就是拥有这种神奇的能力来进行快速的并行搜索。但是，需要注意，这只是个比喻。

量子并行计算确实是真的，量子态的相干叠加特性确实使并行搜索成为可能。但是，当你去查看所有的经典算法时，你找不到利用这种量子特性进行并行搜索的算法。因此，世界著名计算机科学家姚期智院士认为，量子并行计算本身并不是一个真正意义上的答案。[①] 那么，量子算法加速能力来自哪里？量子并行性在哪里起作用？

① 参见姚期智院士在墨子沙龙演讲：《神秘的量子计算跟经典计算到底有何不同》。新浪科技《科学大家》，2018 年 10 月 22 日。

1. 量子叠加态：量子并行计算的物理基础

量子态叠加原理是量子计算机可以进行大规模并行计算的物理基础。在量子信息理论中，一个量子比特是指有两个线性独立态的量子力学系统。我们把两个线性独立态表示为 $|0\rangle$ 和 $|1\rangle$。根据态叠加原理，量子比特可以处于叠加态：$|\psi\rangle=\frac{1}{\sqrt{2}}(|0\rangle+|1\rangle)$。在这个态中，$|0\rangle$ 和 $|1\rangle$ 分别以相等的几率出现，所以，在态 $|\psi\rangle$ 中既包含态 $|0\rangle$ 的信息，也包含态 $|1\rangle$ 的信息。如果有两个这样的量子比特构成一个量子系统，那么这个量子系统就可以处在：$|0\rangle|0\rangle$、$|0\rangle|1\rangle$、$|1\rangle|0\rangle$、$|1\rangle|1\rangle$ 四个态的叠加态中，表示 {00，01，10，11} 四种不同的信息在叠加态中可以同时各以一定概率存在。这和经典情况不同，在经典情况下，虽然利用两个位（两个二值系统）也可以制备出四个状态，但在每个时刻系统只能处在四个状态之一，不可能制备出两个或两个以上态的叠加态。

对于 n 个量子比特系统而言，它的态空间是 2^n 维希尔伯特空间，可以取它的 2^n 个基为 $\{|i\rangle\}$，其中 i 是一个 n 位二进制数串。在 n 个量子比特的系统中可以制备出一般态：$|\psi\rangle=\sum_{i=0}^{2^n-1}c_i|i\rangle$，其中 $|\psi\rangle$ 可以同时包含 2^n 个基态的信息，即可同时编码 2^n 个二进制数。以此方式，量子存储器能以指数快速增加它的存储能力，这就为量子信息大规模并行处理奠定了基础。

也就是说，量子计算是对用量子比特态编码的信息进行计算。这个信息处理的过程是非常高速的，因为编码信息的量子比特表示的不只是一个确定的状态，而是

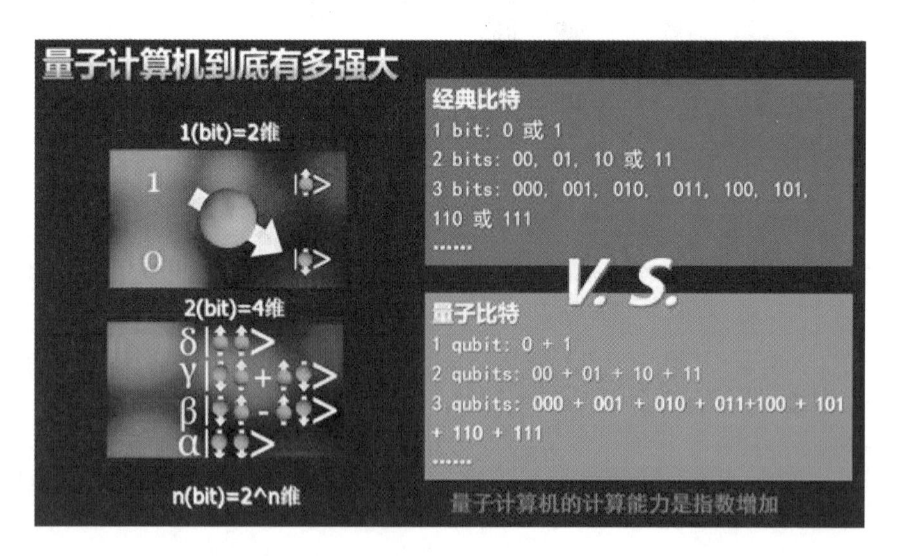

各种状态概率性的叠加。就比如“薛定谔猫”，它实际处在活猫和死猫的叠加态。这是一种很特殊的状态，你不能说它是只死猫，也不能说它是只活猫。但是你知道它有多大概率是活的，多大概率是死的。如果你能用量子叠加态来表示事物的状态，即同时表示猫是生或死的状态，那么直观上的理解就是，你具备了并行计算的能力。

正是量子叠加性使量子计算机能保存的信息随着量子比特数的增加而呈指数增长。对 n 个量子比特来说，由于它可以处在 n 个 0 态到 n 个 1 态之中的所有任意状态的叠加，这种叠加使得量子计算机本身就是一种并行装置，每次运算会对全部的叠加态进行同步处理。这种并行度随着量子比特的增加而呈指数增长，从而使量子计算机对某些特定问题具有惊人的超大规模处理能力。

2. 量子纠缠：量子计算的重要资源

量子计算的指数加速能力除了利用量子态的叠加原理，还利用了量子理论中量子态的纠缠特征。在量子计算的线路逻辑网络模型中，纠缠是在量子计算过程中通过对编码比特态一系列的逻辑操作建立起来的。因为量子计算机的并行性是藏在量子信息内部的，我们并不能直接提取出来，所以需要利用量子比特的纠缠特征来解决。量子纠缠预示着多个量子比特的信息并不是独立存在的，而是神奇地纠缠在一起。例如，在三个量子比特中，第一个量子比特和第二个量子比特可以纠缠，第二个量子比特和第三个量子比特可以纠缠，甚至第三个量子比特本身又能进行更高层次的纠缠。这些纠缠及它们的纠缠度共同构建了一个海量的数据库。

也就是说，“在一个量子体系中，叠加是单量子比特的自有信息，纠缠是多量子比特之间的互信息，所以我们可以利用量子态的叠加性和量子纠缠对体系进行精细操作，构建出我们理想的量子态，然后通过测量最后的态来提取我们所需要的经典信息。”①

在量子计算中，利用纠缠这种资源可降低计算机不同部分之间的通信复杂度，实现不通过拷贝的冗余编码，执行不破坏编码态的出错诊断等。这不能不说量子纠缠在量子计算中作用巨大。

但是，从另一方面来讲，纠缠又是量子计算物理实现的最大障碍，计算机系统和环境的相互作用导致系统中编码态和环境态的纠缠，破坏编码量子态，使其退化

---

① 郭光灿．颠覆：迎接第二次量子革命［M］．北京：科学出版社，2022：188.

为经典物理态，从而使利用量子计算可能带来的好处损失殆尽。因此，开发量子信息技术，就是利用纠缠，同时又和纠缠作斗争，克服纠缠带来的破坏作用的过程。

七、量子计算限制：量子退相干

量子计算机是用量子态编码信息，按照量子力学规律执行计算任务的计算机。由于量子态具有经典物理态没有的量子叠加、量子纠缠等性质，量子计算机实现计算机基本条件的方式不同于经典计算机，这使量子计算机可以实现大规模并行计算，产生经典计算机不可能实现的信息处理功能。因此，制造出量子计算机就成为人们追逐的目标。

然而，量子计算的物理实现并非易事，量子计算机的研制迄今仍处于科学原理验证和基础技术攻关的阶段。现在，在实验中实现的只有少数几个逻辑门的操作，只能称作“量子信息处理器”，还不能称作真正的计算机。量子计算实际应用的最主要障碍是环境不可避免的退相干过程（decoherence），它破坏与之纠缠的量子体系的量子相干性，导致量子计算机自动地演变为经典计算机，于是量子计算机便丧失掉其并行计算的能力。

迄今，我们实现量子计算机仍然困难重重。那么，实现量子计算到底有多难？中国科学院物理研究所向涛院士把量子计算所面临的困难形象地比作“让一头大象在一根细钢丝上跳舞，既不能让大象掉下去，也不能让细钢丝断掉”。[①] 简单来讲，要实现量子计算，量子计算科学家一方面希望操作一个单量子，即一个量子二能级系统，因为这样可以很好地保持它的量子纯态，有助于保持它的量子性能，但另一方面，量子计算的计算能力取决于量子比特数，因此，量子计算科学家又需要把N个量子比特耦合起来，来构成一个复杂的量子计算系统。所以，实现量子计算机，一方面希望它是一个纯净的单量子系统，另一方面又希望多个量子结合在一起，可以相互耦合起来。这本身就是矛盾的。

以光子为例，每个光子都具有非常好的量子性能，但是如果你想做量子计算，就要把很多光子结合起来，对于光子体系，这就非常困难。现在科学家关注超导量

① 参见向涛院士在北京大学现代物理研究中心的报告“量子信息技术的物理基础“的新闻稿“向涛院士做客北京大学物理学科卓越人才培养计划‘名师面对面’活动，2022-10-28。

子计算机的发展，因为超导系统有很好的可扩展性，但是要把每一个量子都做得很好却非常难。因此，在这种内在的矛盾里，一定要发展一个系统，首先它有很好的量子特性，其次科学家又需要能把它扩展开来。唯有如此，我们才能真正把量子计算机做成功。

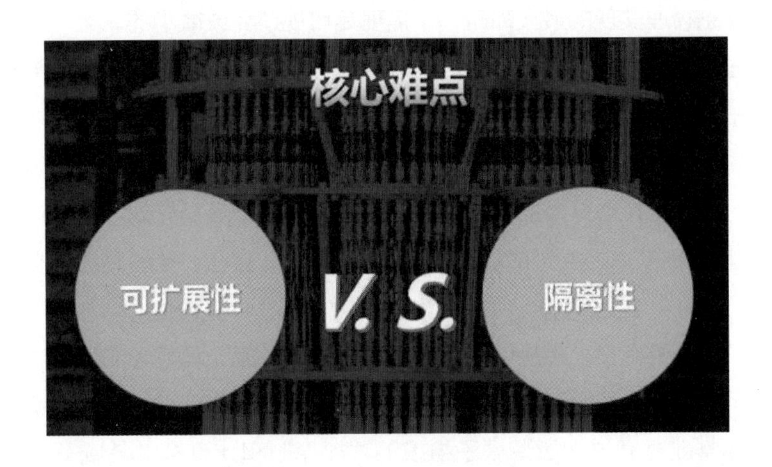

但是，把量子系统扩展开来，就容易失去量子特性。为什么呢？这里面其实涉及到量子世界的一个重要特征：量子退相干。量子计算所需的量子门是幺正变换。在量子力学理论中，幺正变换描述了一个封闭系统的演化。然而，在自然界中我们还没有发现真正的封闭系统——一个物理系统总是或多或少地与外界环境存在相互作用。由于相互作用的影响，系统演化不仅由系统本身决定还取决于环境的状态，其结果是系统演化一般不再是幺正变换。

不再是幺正变换是什么意思呢？物理学家用完全正定映射来描述量子系统最一般性的演化。不再幺正化就意味着有些非幺正演化会使量子系统逐渐失去相干性，也就是量子叠加态无法持续，最初处于纯态的子系统，由于子系统之间的相互作用，将经受一个从纯态到混合态的退相干过程。

我们知道，量子计算机采用量子态编码信息，因此，量子计算过程就是编码量子态的时间演化过程。而量子态的时间演化规律由量子力学基本原理决定。量子计算机计算结果的输出就是对计算末态的量子测量。但是，任何量子计算机作为一个物理系统，都和环境存在不可避免的相互作用，不可能成为真正的孤立系统。环境既包括计算机系统的外部环境，也包括计算机内部用于编码之外的其他自由度，这取决于量子计算机的具体物理实现和编码空间的选取等因素，环境的影响通常是不可控制的。内部自由度的作用将导致编码态的退相干和计算出错，是量子计算中起破坏作用的因素。这时，量子计算机作为包括环境在内的更大系统的一部分，它的时间演化不是幺正的。在这种情况下，如何保证计算机内编码态时间演化的幺正性，是实现量子计算最根本的、最富挑战的任务。环境的作用被认为是量子计算机乃至量子信息物理实现的最大障碍，是需要尽可能避免或减小的。

在量子信息的各种物理实现中，很多都涉及电磁辐射场和量子比特的相互作用。在量子力学中，辐射场就是光子场，光子作为“飞行”量子比特，在量子通信和量子信息传输中发挥重要作用。辐射场和物质量子比特（原子、离子等）的相互作用，是对量子比特态操控的基本手段。由于辐射场几乎是无处不在，在量子信息的各种物理实现中，辐射场作为很难控制的“环境”存在，是编码量子态退相干的重要物理机制。

就量子计算机而言，辐射场也是量子计算机的环境。辐射场的每个场模形式上相当于一个谐振子。因此，在研究量子计算机的退相干物理机制时，环境对计算机的影响，通常就是通过大量谐振子组成的“热库”和计算机中各量子比特作用描述。原子、离子量子比特和腔场的作用，就可以看成是原子、离子和相应腔模的谐振子的作用。由于量子计算机系统都和“环境”存在不可避免的相互作用，这种相互作用使系统不再是封闭的，编码在系统量子态上的信息，随着时间演化将散布到环境中，同时使系统量子态丢失内禀的相干叠加性质，变为经典态，这一过程称为退相干。

退相干最初仅只是指量子态相位出错或密度矩阵对角元衰变。现在，退相干一般指包括耗散、能量丢失以及由不完善操作、测量在内的所有引起编码态改变的非幺正过程。退相干过程使编码量子态转变为经典态，使利用量子态编码信息可能带来的好处损失殆尽，所以，量子态的退相干被认为是开发和利用量子信息的最大障碍。如何战胜量子态的退相干，就成为开发量子信息和计算技术必须解决的关键问题。

在量子计算机中，不同的经典信息以叠加形式存在，计算结果一般也是不同经典态的叠加态。根据量子力学的测量理论，对于叠加态的测量，只能够概率地得到一个经典结果。例如对于叠加态 $|\psi\rangle=\alpha|\psi_1\rangle+\beta|\psi_2\rangle$，虽然包含有 $|\psi_1\rangle$ 和 $|\psi_2\rangle$ 态的信息，但用投影到 $|\psi_1\rangle$ 和 $|\psi_2\rangle$ 基上的测量只能以一定概率得到 $|\psi_1\rangle$ 态或 $|\psi_2\rangle$ 态。而且，根据量子力学的测量理论，实施测量的结果将不可逆地破坏被测系统原初的量

子叠加态，使其塌缩到测量得到的那个经典态上。如果紧跟着进行第二次测量，也只能得到第一次得到的结果，而绝不会得到其他的信息。这样一来，似乎量子大规模并行计算带来的好外，由于量子测量而丧失殆尽，量子计算没有多大优势。

实际上，虽然在计算结果态中，各种经典信息可以以一定概率存在，但可以存在并不意味着一定存在，存在的概率可大可小，甚至为零。也就是说，当测量一个量子比特时，它总会随机地塌缩为 $|0\rangle$ 或 $|1\rangle$，这就在某种程度上降低了量子计算的计算能力。这也就是为什么量子计算机难以研制的约束所在。

量子测量的上述性质，也为构造具体问题量子算法，提供了一条基本原则：在构造一个问题的量子算法时，应当利用量子态的相干叠加性质。利用编码量子态相干叠加性质，使表示计算结果的经典态在计算中发生相长干涉，具有最大的概率幅；而不需要的经典信息发生相消干涉，结果具有较小的甚至是零的概率幅。这样就可使最后测量以最大的概率给出所需要的结果。至于如何做到这一点，这正是量子算法研究的内容。现在已知的 Shor 算法和 Grover 搜索算法就是针对具体的问题，成功地运用这一策略量子算法的例子。

退相干在自然界中广泛存在，针对退相干会导致量子算法失去优势。1998 年，中国科学院院士孙昌璞教授及其合作者讨论了退相干对 Shor 算法的影响，发现退相干会降低成功求解因数的概率[①]。当概率过低时，量子算法的效率不再高于经典算法。事实上，在物理系统中执行的量子门，相对理想量子门的任何偏离，都有可能导致量子计算的结果错误，进而量子算法失效。

不过，事物的存在总是相生相克，此消彼长的。科学研究发现，也有一些物理机制可以用来抑制退相干。当环境对系统的影响具有某些对称性的时候，可能存在一个不发生退相干的量子态子空间，因此存储在子空间内的量子信息可以不受退相干的影响。如果环境引起的噪声在时间上有关联，动态解耦等方法可以用来抑制退相干的发生。这些方法可以在很大程度上改进物理系统在量子计算中的性能，但计算错误的发生仍然是无法避免的。因此，需要在算法的层面对计算错误进行处理：虽然在计算过程中还是会发生错误，但可以避免错误对最终计算结果的影响。

退相干通常导致两种计算错误：比特错误和相位错误。比特错误导致量子比特 0 和 1 的取值发生改变，相位错误导致叠加态的相位发生变化。对于一个处于叠加

① Sun C P, Zhan H, Liu X F. Phys. Rev. A, 1998, 58: 1810.

态 $a|0\rangle+b|1\rangle$ 的量子比特，比特错误导致状态改变为 $a|1\rangle+b|0\rangle$，相位错误导致状态改变为 $a|0\rangle-b|1\rangle$。在经典计算机中也存在比特错误，但相位错误是量子计算机独有的。量子计算机中任何的错误都可以分解为这两种错误。

量子纠错码可以用来解决退相干等硬件的不完美导致的计算错误问题。在错误的分布满足某些条件的情况下，物理学家可以把最终计算结果出错的概率降得任意低，这被称作“容错量子计算”。但量子纠错是有代价的。为了降低最终出错率，需要使用很多的量子比特来进行编码。进行容错量子计算的首要条件，也就是错误率低于容错阈值（亚阈值）的初始化、量子门以及读取等操作已经能够在实验中被演示。目前看来，在错误率低于阈值的条件下，巨大的量子比特数量是最终实现容错量子计算的主要障碍。[①]

也就是说，克服退相干的有效办法是量子编码，原则上采用量子编码可以实现容错的量子计算，其代价是引进信息冗余度，即用若干量子比特来编码一个量子比特的信息，但这样便会大大地增加量子计算机结构的复杂度。但是，科学家最终希望，可以通过“通用容错量子计算”来实现比如解密算法等的实际应用。通用容错量子计算的核心为量子纠错，即要把错误纠正，让所有的量子比特都能正确运作起来。这是一项宏伟的计划。

① 李颖、孙昌璞．到底什么是量子计算？［EB/OL］．中国物理学会期刊网，2020-08-31.

第四章

量子计算优越性

LIANGZI JISUAN YOUYUEXING

“量子计算优越性”简称“量子优越性”（Quantum Advantage），是加州理工学院量子物理学家约翰·普瑞斯基（John Preskill）提出的一个概念。早在2012年，普瑞斯基在博客里写道：“我们希望加快实现这一进程，让实现良好控制的量子系统能够执行超越经典世界所能完成的任务。”普瑞斯基在描述当时看似遥远的这一目标时在其博客里取了一个响亮的名字：“量子霸权”（Quantum Supremacy）。而后美国知名杂志《科学美国人》（Scientific American）抨击了“量子霸权”这个命名，认为物理学界出于对社会和科学的原因的考虑，应该谨慎小心地使用语言表述，即使在物质和能量这些远离大众的深奥领域。

随后，普瑞斯基总结了对“量子霸权”一词提出的两个主要反对意见，并解释说：“这个词加剧了对量子科技进展已经被过分夸大的报道”，并且“通过与白人至上主义的联系，唤起了令人反感的政治立场”。因此，在更多的语境下，人们用“量子优越性”来代替“量子霸权”。[①] 普瑞斯基称“量子优越性”是用来形容量子计算机可以做传统计算机做不到的事情，而不管这些任务是否具有现实意义。这就像信息理论创始人香农（Claude Elwood Shannon）提出的信息概念一样，“信息是能够用来消除不确定性的东西”，信息理论只用来传输信息，而不管信息的物理意义。

根据普瑞斯基，作为新生事件的量子计算机，一旦在某个问题上的计算能力超过了最强的传统计算机，就证明了量子计算优越性，跨过了未来在多方面超越传统计算机的门槛。通俗来讲，就是用极端复杂的问题来考验量子计算，让它在实际应用中证明自己的实力。如果一台量子计算原型机，在某个问题上的计算能力超过了最强的传统计算机，就证明量子计算在未来有多方超越的可能。因此，证明量子优越性，也被认为是量子计算从理论到实践“里程碑的转折点”。

一、理解量子计算优越性的三个维度

关于量子计算优越性，中国科学技术大学袁岚峰教授给出了三个角度，由浅入深地对量子计算机的优势进行了描述[②]。首先是启发性的描述：真实世界是量子的，

① 参阅量子客网文：《“量子霸权”道路上的是与非，物理学家如何做到“信达雅”？》

② 袁岚峰．量子信息简话：给所有人的新科技革命读本［M］．合肥：中国科学技术大学出版社，2021：81-101.

因此要模拟它在本质上就应该用量子体系，而不是经典体系。其次是操作性的描述：利用叠加与纠缠，量子计算机在处理某些特定问题时能实现指数量级的加速。最后是理论性的描述：量子计算机很可能会满足“丘奇－图灵论题”，而推翻“扩展丘奇－图灵论题”。

1. 自发性描述：用魔法打败魔法，用量子打败量子

如前所述，量子计算的起源之一，是 1981 年第一届计算物理学会议的召开，在这次会议上物理学家费曼做了一个著名演讲：“用计算机模拟物理学”。费曼在演讲中说道，现在的计算机用来模拟经典力学很成功，但模拟量子力学就会失败，因为计算量会爆炸。这是为什么呢？因为“在量子力学中我们只能预测概率”。量子世界是一个内禀不确定的世界，量子力学中的随机是真正的随机，不同于我们经典世界中的伪随机。

概率为什么会导致计算量爆炸呢？可以这样来理解：对于一维空间中的一个粒子，它只有一个坐标 x，我们可以用一个函数 $f(x)$ 来表示在 x 这个位置找到这个粒子的概率。假如把空间分成 N 个格点，我们就需要知道 $f(x)$ 在这 N 个位置的 N 个取值。这看起来很简单，但真正的麻烦在于，当我们有 R 个坐标时，概率函数就成了一个多元函数 $f(x_1, x_2, x_3, \cdots, x_R)$。每一个坐标有 N 个取值，所以总共有 N^R 组坐标，我们需要知道这个多元函数的这么多个取值才行。数据量对 R 是指数增长的，这是灾难性的增长。

针对这种计算量爆炸，费曼提出了一个办法，就是用量子体系去模拟量子体系。袁岚峰教授称这种做法是，“只有魔法才能打败魔法，只有量子才能打败量子！”

也就是说，我们不直接用解析的方法去计算多元概率函数，而是构造一个量子体系，它演化的方式跟要模拟的体系在数学上等价。然后我们去测量这个量子体系的演化结果，这就是取样（sampling）。做若干次取样后，我们就直接知道了这个多元概率函数。当然这会有误差，不过误差范围会随着取样数的增加而减少，跟平时做的统计性实验一样。

2. 操作性描述：对特定问题的指数级加速

量子计算的速度特别快，比经典计算快得多。原因何在？为什么量子计算会比经典计算快许多？回答经常是量子计算机是并行计算（parallel computing），一次能处理很多任务，而经典计算机一次只能处理一个任务。但问题又来了，现在所有的超级计算机，如神威太湖之光、天河二号等，都是用大规模并行计算达到超高

速度的，它们可并不是量子计算机。那么，量子计算真正的优越到底是什么呢？

这里的关键在于，现在的研究进展表明，量子计算机并不是干什么都特别快，而是只对某些问题特别快，因为对这些问题能设计出快速的量子算法。也就是说，量子计算机优于经典计算机，并不是像我们以前用的电脑“486”要优于“386”、“386”要优于“286”那样干什么都强，而是好比你的计算机能运行某个游戏，而别人的计算机不能运行这个游戏，所以在这方面你的计算机强。

量子计算机为什么会有这样的优势呢？原因就在于量子力学的叠加、测量和纠缠。最基本的道理是，经典比特只有开和关两个状态，而量子比特有无穷多个状态，可以是开和关的多种叠加态。因此，量子比特有可能做到比经典比特更多的事情。

具体而言，量子比特超越经典比特的办法是这样的：如果有 n 个经典比特，每一个有两个状态，它们的组合就总共有 2^n 个状态。如果想知道一个操作对 n 个比特产生的效果，就需要把这个操作作用到 2^n 个状态上，把所有的结果都试一遍。也就是说，需要 2^n 次操作。2^n 是一个指数函数，增长非常快。学过数学的人都知道，指数增长比任何多项式增长都要快，比如说比 $n^{10\,000}$ 都快。因此，随着 n 的增长，经典计算机的计算量很快就会爆炸。

但是，对于量子比特，情况就不一样了。一个量子比特有两个基本状态，一个总的状态等于这两个基本状态的叠加。对于 n 个量子比特的体系，基本状态就有 2^n 个，一个总的状态等于这 2^n 个基本状态的叠加。也就是说，n 量子比特体系的总状态可以写成：

$$c(000\cdots)|000\cdots\rangle+c(100\cdots)|100\cdots\rangle+c(010\cdots)|010\cdots\rangle+\cdots+c(111\cdots)|111\cdots\rangle$$

其中，每一个 c 都是一个系数，总共有 2^n 个这样的系数。对这样一个总的状态的一次操作，就可以同时改变 2^n 个系统，相当于对 n 个比特的经典计算机进行了 2^n 次操作。一次操作顶 2^n 次操作！

这是一个“非常惊人”的优势。所谓“量子计算机的优势”或说“量子计算优越性”来自并行计算，实际指的就是这个意思。说“每增加一个量子比特，量子计算机的计算能力就翻一番”，也是这个意思。这就像那个传说中棋盘上的指数递增的米粒，计算量大的惊人。因此，量子计算如果使用得当，就可以带来巨大的加速。原来需要上亿年的任务，现在可能一秒钟搞定，这是多么惊人的进步！

但是，一定要注意，这里有一个前提：如果使用得当。什么意思呢？因为把数据读出来是大问题。你要把这 2^n 个数据读出来，就需要做测量。但是测量的时候系统的状态就会发生突变，跃迁到某一个本征态上，结果就是，你虽然一下子获得了 2^n 个数据，但读出的时候就只剩下一个了。

因此，量子计算确实具有巨大的优势，但这是个潜在的优势，需要非常巧妙的算法，这个优势才能发挥出来。只对少数特定的问题，人们设计出了这样的算法，而对于大多数的问题，如最基础的加减乘除，量子计算还没有表现出任何优势。

3. 量子计算机会取代经典计算机吗？

原则上讲，量子计算确实非常强大。但实际上，由于量子退相干效应，量子计算机并不是无所不能。量子计算机的强大是与特定问题相关的。在处理某些特定问题上，量子计算的确优于经典计算。因此，当谈论量子计算机的强大时，我们应该问："它处理的是什么问题？"

你也许会感到失望，量子计算居然连加减乘除都搞不定，那量子计算还有什么用处呢？目前，已知的能发挥量子计算优势的问题虽然不多，但其中有些就非常重要，例如因数分解和无结构数据库的搜索。下一章，我们就会来详细解释这个量子因数分解的例子。

至此，我们知道，一台量子计算机不需要执行所有的任务，只需要执行自己擅长的任务就行。在某些特定问题上，量子计算机的确远远优于经典计算机。但在其他一些问题上，它与经典计算机是一样的，甚至由于技术和成本的限制，在那些问题上它的性能还不如经典计算机。

因此，量子计算机的前景不是取代经典计算机，而是和经典计算机联用，各自发挥自己的优势。量子计算机确实可以轻松应对经典计算机无法应对的一些问题，但量子计算机也有一些问题不能轻松应对。如果是量子计算机能做到的，它会做得非常出色，如果超出它们的能力之外，量子计算机不比经典计算机表现得更好。因此，我们也不能把量子计算机神化，认为它就是未来的全部解决方案。对于经典计算机已经处理得很好的问题，我们继续用经典计算机；对于量子计算机有优势的问题，我们就去用量子计算机。

量子计算机的优点就是在破解代码上的强大功能。这也是为什么军方或企业投巨资研究的原因所在，它可以帮助快速破译密码。这对于处于战争或竞争中的对手来说，无疑是一个福音。但同时这对于自己也是一个坏消息，因为别人也可以利用量子计算机破解你的代码。

对科学家而言，当他们比较两个具体的计算系统：一台量子计算机和一台经典计算机的时候，他们更关心一些更加实际的参数，例如处理器的速度或能耗等。在他们看来，如果以应用为目标，区分两种计算方式不是最重要的。假如可以在量子计算机上解决的某个问题，是量子计算以外其他领域关心的，而量子计算机在解决这个问题时，在时耗或能耗等方面有一定的优势，那么应该可以认为量子计算机已经具备应用价值了。

物理学家认为量子计算需要伴随着经典信息处理，未来的计算机不可能是纯量子的，这是因为：

（一）人类生活在经典世界中，总是和经典信息打交道，输入计算机的信息必定是经典的，需要的计算结果也必定是经典信息。之所以使用量子计算机，是因为利用量子计算机的性质，可以加快计算机进行经典信息处理的速度，提高计算机信息处理能力。使用量子计算机，输入量子态制备、计算过程的操控，测量量子计算机输出态，获得计算结果的经典信息，不管采用什么样的计算模型和物理实现，似乎这些都不大可能完全由量子系统实现，而必须以某种方式和经典电子计算机结合。

（二）虽然目前对量子计算机的某些细节做出任何预言还为时尚早，但仍可以大胆设想，很可能未来的量子计算机仅它的某些存储器、运算器是量子的。由于执行算法需要对编码量子态执行演化操作，对于执行复杂的计算任务，量子计算机的操作指令、程序描述和控制必须是经典的，这些可能都需要由经典计算机完成。其次，为了加快计算过程，实现计算过程自动化是必要的，而要实现计算操作自动化，除去用经典计算机控制外别无他法。

（三）迄今人们发现的量子算法仍然为数不多，这很可能表明仅对少数特殊类型的问题，如分解大数质因子、随机数据库搜索、量子系统模拟等，量子计算才具有超出经典计算的能力，才需要用量子计算，而对于大量的实际问题，量子计算可能并不具有加速计算的能力。因此，可以设想，新的计算机应用是一个量子计算和经典计算互相结合的机器，它应有智能的控制部分把一个任务分解成适合量子计算的部分，交给量子处理器执行，而把那些适合经典计算的部分交给经典电子计算机处理器执行，通过各部分协调工作，共同执行计算任务。

总之，我们并不需要一台量子计算机执行所有的任务，完全可以用若干台量子计算机，每一台执行某一个特定的任务。甚至连若干台都不是必需的，只要有一台量子计算机能执行一个特定的任务，并在这个任务上超过经典计算机，就是有用的。量子计算机有用关键在于在某个任务上超过经典计算机，即在计算性能曲线的某个地方脱颖而出，这就是量子优越性（quantum advantage），也叫“量子霸权”（quantum supremacy），由于“量子霸权”的说法太易让人产生负面联想，所以现在更多地叫“量子优越性了”。（关于量子计算的常见问题解答参见附录四）

4. 理论性描述：丘奇－图灵论题及其扩展

如果一个问题的计算量是指数增长的，那么这个问题就是困难的，或者说是不可解的。即使是目前最快的超级计算机也难以速解，可能要算上个 200 亿年，这就完全没用了。要知道，宇宙的年龄也不过是 138 亿年而已。这就是计算复杂性。由于计算量的巨大，存在不可解的复杂计算问题。

那么，有没有可能通过改变计算机的物理体系，把不可解的问题变为可解呢？这是一个非常有趣的问题。我们知道，计算机可以用不同的物理体系来实现。从古代的算筹、算盘到近代的机械计算机，再到现代的电子管计算机与晶体管计算机，硬件在不断演化。但是，这种进步能否改变计算复杂性呢？

传统的回答是不能，因为这些硬件进步的效果只能让计算的每一步变得更快，但原来需要多少步，现在还是需要计算多少步。因此，不可解问题仍然是不可解的，不会因为你从算盘进步到超级计算机就能改变这个定性。这个命题非常重要，它有个正式名称叫“扩展的丘奇－图灵论题”（extended Church–Turing thesis），由两位伟大的数学家阿隆佐·丘奇（Alonzo Church）和阿兰·图灵（Alan Turing）提出，丘奇是图灵的博士生导师。

然而，近 40 年来，出现了一个石破天惊的新回答：有一种新的物理体系有可能改变计算复杂性，把不可解问题变为可解问题，这就是量子计算机！量子计算机能实现这种复杂性计算，原因就在于量子体系的叠加特性表现出的计算的量子并行性。也就是说，量子计算机有可能推翻扩展的丘奇－图灵论题。

什么是扩展的丘奇－图灵论题？不扩展的丘奇－图灵论题又是什么？丘奇－图灵论题（Church–Turing thesis）说的是，任何物理体系可计算的数学问题都是一样的。而扩展的丘奇－图灵论题说的是，任何物理体系可有效计算的数学问题都是一样的。请注意，可计算和可有效计算是不一样的。可计算是指可以在有限的时间内得出结果，无论这个时间是多长，比如可以是指数增长的。而可有效计算是指计算时间是多项式增长的，也就是可快速计算。

量子计算机作为一种新的计算模型出现后，现在普遍认为丘奇－图灵论题是正确的，而扩展的丘奇－图灵论题是错误的。也就是说，量子计算机和经典计算机可计算的问题是一样的，但在这些可计算的问题中，量子计算机可以把一些不可有效计算的问题变成可以有效计算的，即通过执行某种快速的量子物理过程，获得跟这个过程对应的数学难题的解。用经典计算机计算这个数学问题的时间是指数时间，用量子物理过程获得结果的时间却是多项式时间。这种“抄捷径”，就是量子计算机的优势。

因此，量子计算的重要性，在于它可能快速解决传统计算机无法有效解决的问题，而不是以另一种方式去解决那些本来就可以快速解决的问题，如加减乘除。

量子计算机和经典计算机的关系可以用一张图来说明。

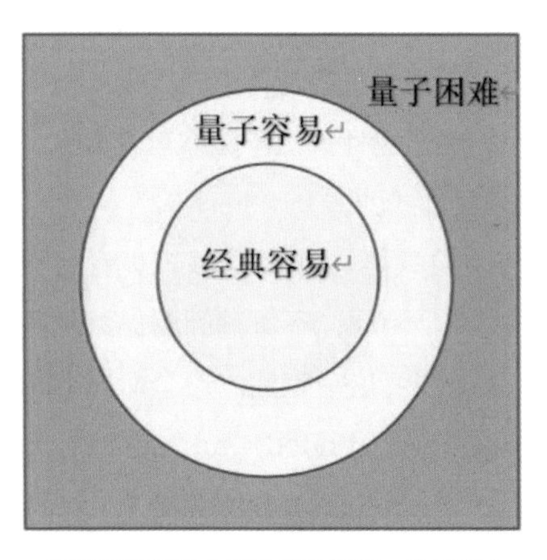

来源于袁岚峰《量子信息简话，给所有人的新科技革命读本》，第 096 页。

图中最内圈的问题是经典容易的，即经典计算机可以快速解决的；第二圈的问题是量子容易的，即量子计算机可以快速解决的；最外圈的问题是量子困难的，即就连量子计算机都不能快速解决的。

显然，经典容易的问题肯定是量子容易的，因为量子计算机可以跟经典计算机同样地运行，在量子比特的无穷多个态中只用两个态就可以了。也就是说，第一圈肯定是第二圈的子集。但问题在于，第一圈是不是第二圈的真子集？也就是说，是否存在一些问题，它们真的对经典是困难的，对量子却是容易的？事实上，绝大多数科学家都相信量子计算机在解决一些问题上性能要超过经典计算机。但这仍然是一个问题，因为对此目前还没有严格的数学证明。

在没有理论证明的情况下，人们在努力寻找实验层面的证据：我们能不能造出一台量子计算机，它至少在一个问题上超越经典计算机？也就是实现前面提到的“量子优越性”或者说“量子霸权”。如果有一台量子计算机实现了量子优越性，就能验证制造超越经典计算机的量子计算机是可行的。

在真正造出通用量子计算机之前，科学家是先在制造专用量子计算机上下功夫，如果专用量子计算机在至少一个问题上能超越经典计算机，这就是“量子优越性”或者说“量子霸权”。“悬铃木”和“九章”就是这样的专用量子计算机。

二、谷歌的“悬铃木”：全球首个量子计算优越性

2019 年 10 月，谷歌公司的量子计算研究团队宣称实现了首个“量子优越性”（quantum supremacy）。他们在国际顶级期刊《自然》（Nature）发表论文，宣布他们开发的 53 个（原本是 54 个，但坏了一个）量子比特的超导量子处理器“悬铃木”（Sycamore），执行随机线路取样（random circuit sampling）任务，仅用 200 秒，便完成了当时世界排名第一的超级计算机“顶点”（Summit）需要 1 万年时间的计算。这是一个 10 亿倍量级的优势。为此，谷歌公司宣称“悬铃木”已经实现“量子优越性”。也就是说，这一量子处理器或者说量子计算器被证明有能力执行，即使是最强大的传统超级计算机也无法完成的特殊任务，从而实现了量子优越性。一时间，全球哗然，以此作为量子计算发展的开辟式里程碑[①]。

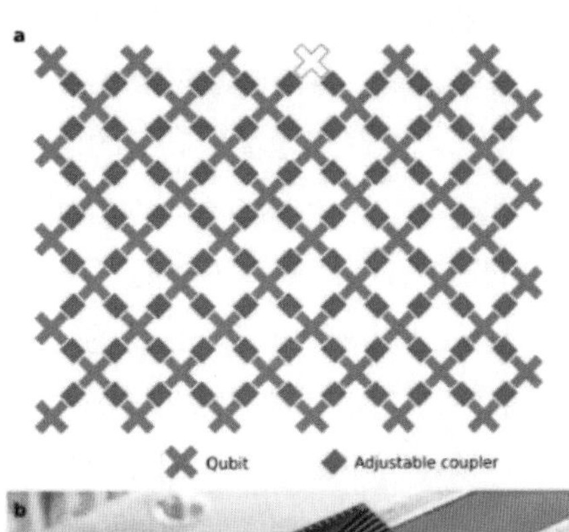

◎谷歌“悬铃木”实现首个“量子霸权”

这个里程碑重要程度如何？当时对外评价的答案是“非常”。谷歌公司自然认为这项工作是人类历史上首次在实验环境中验证了量子优越性；*Nature* 杂志也认为这在量子计算的历史上具有里程碑意义。在当时麻省理工学院技术评论的 EmTech 会议上，在关于量子计算的讨论中，麻省理工学院教授、量子专家奥利文（Will Oliver）把这一次计算的里程碑，比作莱特兄弟在基蒂霍克的首次航空飞行。

然而，就在谷歌论文发表的当天，关于“量子霸权”的质疑也随即爆发。2019 年 10 月 21 日，负责开发超级计算机“顶点”（Summit）的 IBM 公司就表

① 参阅：量子客上的文章：IBM 质疑谷歌“量子优势”，谷歌 Nature 发文明确“优势”属实。

示了反对意见。他们批评说，谷歌给经典计算机用的算法太愚笨了，只用到了内存，但别忘了世界上还有个东西叫作“硬盘”！把一部分数据放到硬盘上，通过适当的任务划分，就可以用空间换时间。因此，稍微优化一下算法，就可以把经典计算所需的时间从 1 万年缩短为 2 天半。

谷歌和 IBM 可谓是美国两大高科技商业巨头，存在竞争，实属正常。最强量子计算机争霸，可谓棋逢对手。在 IBM 看来，经典系统可以用 2 天半，并以更高保真度，就能理想地模拟同样的任务，根本不需要 1 万年。而且这是一个最差且最为保守的估计，IBM 甚至期望通过进一步的改进，降低模拟的经典成本，达到更快的速度，可能根本不需要 2 天半。正所谓“一万年太久，只争朝夕”。这样一来，“悬铃木”相对于经典计算的优势被缩减到了千分之一。

当然，IBM 并没有给出详细的解决方案，仅仅是说可能。虽然这仍不能印证 IBM“顶点”（Summit）超级计算机比谷歌“悬铃木”（Sycamore）量子计算机更快，但在量子物理学家普瑞斯基（John Preskill）对量子霸权的最初定义中，他的确说过量子计算机必须做一些经典计算机不可能做到的事情，才算达到这个里程碑，而目前并没有达到该阈值。见下图。

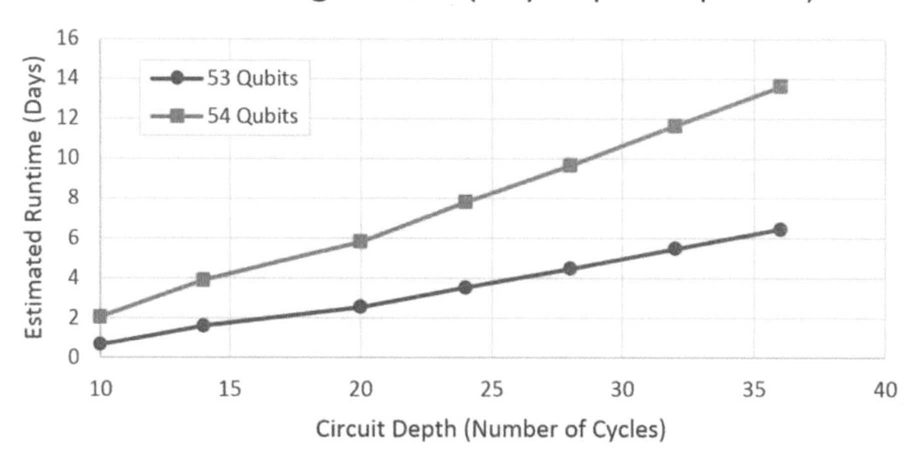

“谷歌悬铃木线路”经典计算运行时与线路深度的期望值分析（来源：IBM）图中，底线（蓝色）估计 53 量子比特处理器的经典运行时（电路深度 20 为 2.5 天），上线（橙色）估计 54 量子比特处理器的经典运行时。Summit 超级计算机，其峰值计算能力高达 200 petaflops，比太湖之光的 93 petaflops 要高出两倍以上。

此后，不断有研究组对经典计算机做出新的改进。2020 年 5 月 14 日，中国阿里巴巴量子计算团队在 arXiv 更新一篇论文“Classical Simulation of Quantum Supremacy Circuits”，否定了谷歌 2019 年 10 月在 *Nature* 上发文声称的量子霸权优势。阿里巴巴团队提出了一种张量网络的经典模拟方法，通过与 Summit 相较的集群方式，可将 1 万年的时间降低到 20 天之内[①]。

2021 年 3 月 4 日，两位中国科学家利用经典器件就实现了对谷歌量子优越性的超越。中国科学院的张潘和潘峰使用 60 个英伟达 GPU 组成的小型计算集群，在 5 天的时间内完成了谷歌“量子霸权”的结果。值得注意的是，这里仅用了轻量级的计算系统，并非以超级计算机作为对比。这就使得“悬铃木”的量子优越性不断缩水，人们对谷歌“量子霸权”取名产生了质疑。

关于谷歌“量子霸权”的后续发展是，当中国科学家关于量子计算研究的预印版发布后，美国计算科学家斯科特・亚伦森（Scott Aaronson）提出了新想法：一方面是使用更复杂的问题来进行对比测试，另一方面是使用更多量子比特的量子计算机来重新做随机线路的实验，因为谷歌和 IBM 都有大量量子比特的量子计算系统（比如 70Q 以上）。这意味着，2019 年的实验需要重新做，1 万年的声明需要改写。

沿着这样的思路，科学家用 60 个英伟达 GPU 集群，复制谷歌的量子超强实验，只需要 5 天的时间，如果切换为更为强大的超级计算机，采用中国科学家张量网络方法进行仿真，可能会把时间压缩得更短。而且这种方法可以针对一般的问题，并且这种方法在计算大量的相关位串振幅和概率时，比现有的方法要高效得多。这让“量子霸权”过去相较于经典计算机 1 万年的巨大的时间差，回到了几日的量级差别。与谷歌相比，这种使用 GPU 的方法，能够准确输出任何位串的振幅和概率，噪声更小，而且他们能够计算条件概率并进行相应的采样。当然，回归问题，纯量子的方法仍然具有显著优势，因为它在 200 秒内就提供了答案，而不是 5 天，性能优势大于千分之二。更为重要的是，物理量子比特数量的发展才刚刚开始。

但无论如何，“悬铃木”第一个宣布实现了量子优越性，引发了研究热潮，这个里程碑的意义是巨大的。此外，“悬铃木”在一定意义上是一台可编程的通用量子计算机。也就是说，它不但可以执行“随机线路取样”任务，还可以执行其他任

---

① 参阅量子客网文：《阿里发文否定谷歌量子霸权 10000 年优势，20 天即可》。

务，例如量子化学计算等。在这一方面它比中国的“九章”强，“九章”是一台专用量子计算机，只能执行一个任务。但和“九章”一样，“悬铃木”真正实现了量子优越性的问题仍然只有一个，就是随机线路取样。它在量子化学计算等问题上，计算速度并不快，相当于 1946 年电子管计算机“ENIAC”，并没有显示出量子计算优越性。

三、中国“九章”问世：量子计算优越性新的里程碑

在谷歌量子计算研究团队深耕细作超导技术路线时，中国科学技术大学潘建伟、陆朝阳研究团队也在光学技术路线上前进。事实上，十几年来，他们就是国际上用光学研究量子信息的领导者。在量子计算机研制方面，他们实施“三步走”战略：第一步是超越早期的电子计算机，然后是超越个人电脑，最后是超越最强的超级计算机。

2017 年 5 月，潘建伟和陆朝阳等人朝着实现量子计算优越性迈出了第一步。他们所实现的量子计算原型机，在处理玻色子取样（boson sampling）问题[①]上，第一次超越了早期的电子计算机，在计算速度上，比 1946 年的第一台电子管计算机“ENIAC”和 1954 年第一台晶体管计算机“TRADIC”，快了 10~100 倍。

但由于 2019 年谷歌的“悬铃木”直接实现了第三步，所以大家也就不再关心谁什么时候实现第二步了。但实际上他们在谷歌论文发表前一天（2019 年 10 月 22 日），在论文预印本网站 arXiv 上传了一篇文章《用 20 个输入光子在 60 模干涉仪中实现 10^{14} 态空间的玻色子取样》（Boson Sampling with 20 Input Photons in 60-mode Interferometers at 10^{14} State Spaces）。他们用光子做到的玻色子取样结果，比以前的同类实验增大了 10 个量级，但还是不及“悬铃木”。而且，这一取样结果用超级计算机可以在几个小时内完全检验，因此他们还没有实现量子优越性，但比之前又迈出了一步。此后，他们在技术上不断升级。

---

① 玻色子取样问题大致可以理解为：发出若干个光子，让光子在复杂的光路中发生干涉与纠缠，最后探测每个出口有多少个光子出去。之所以叫玻色子取样，是因为粒子分为两类：玻色子和费米子。而光子属于玻色子。玻色子和费米子的一大根本区别就是：费米子要满足泡利不相容原理，即两个费米子不能处于同一个状态，而玻色子不受泡利不相容原理限制，任意多个玻色子都可以处于同一个状态。这就为实现量子叠加提供了条件。

2020 年 12 月，潘建伟、陆朝阳研究团队与中国科学院上海微系统所与信息技术研究所、国家并行计算机工程技术研究中心合作，成功构建了 76 个光子的量子计算原型机“九章”，实现了我国首个“量子计算优越性”。实现了具有实用前景的“高斯玻色取样”任务的快速求解，采集 5000 万个样本，求解时间只需 200 秒，而目前世界排名第一的超级计算机“富岳”(Fugaku)[①]，做同样的任务需要 6 亿年。这是我国首次实现“量子计算优越性”。这一研究成果于 2020 年 12 月 4 日在国际学术期刊《科学》(Science) 上发表，审稿人评价这是“一个最先进的实验”“一个重大成就”。

中国量子计算原型机“九章”

《九章算术》是我国古代著名数学专著，它的出现标志着中国古代数学形成了完整的体系，而这台以“九章”命名的量子计算机同样具有里程碑意义。目前，计算机传统的发展模式受限，超级计算机能耗巨大。“九章”的问世，其意义在于在不增加能耗的基础上，提升计算能力。根据目前最优的经典算法，“九章”对于处理“高斯玻色取样”的速度比“富岳”快 100 万亿倍！这一突破也使我国成为全球第二个实现“量子优越性”的国家，牢固确立了我国在国际量子计算研究领域的

① 当时最强的超级计算机，已从跟“悬铃木”对比的美国橡树岭国家实验室的“顶点”，变成了日本神户市理研计算科学中心的“富岳”(Fugaku)。

领先地位。

相比“悬铃木”，“九章”有三大优势。一是速度更快。虽然“九章”和“悬铃木”算的不是同一个数学问题，但与最快的超算等比较，“九章”比“悬铃木”快100亿倍。在这个意义上，“‘九章’是人类第一次实现无可争议的量子优越性，是迄今为止量子计算最大的实验成果，是推翻扩展丘奇－图灵论题最有力的证据。”[①]

二是环境适应性更强。“九章”在室温条件下，运行计算“高斯玻色取样”问题，处理5000万个样本只需200秒，而目前最快的超级计算机“富岳”则需要6亿年；处理100亿个样本，“九章”只需10小时，超级计算机则需要1200亿年。如此强大的算力，全面超过传统的超级计算机，证明了“量子优越性”的存在。

三是弥补了技术漏洞。“打个比方，就是谷歌的机器短跑可以跑赢超算，长跑跑不赢；我们的机器短跑和长跑都能跑赢。”科学家的比喻生动地揭示了“九章”的领先之处。高品质光子源、高精度锁相、规模化干涉……一项项创新与突破，让“九章”后来居上。

从事后的眼光来看，这个成果的技术潜力比这个成果本身更重要。专家表示，“九章”实现的“高斯玻色子取样”在机器学习、量子计算化学、可验证随机数学等问题上都有潜在的应用价值。此外，中国科学家在研发“九章”的过程中发展了大量的新技术，如最好的量子光源、最好的干涉技术、最好的锁相技术、最好的单光子探测器等等，这些技术在很多地方都会派上用场，如量子雷达、量子卫星等。

“九章”只是在量子计算第一阶段竖起了一座里程碑，未来的路还很长。一方面，无论是谷歌的“悬铃木”处理“随机线路取样”，还是“九章”求解“高斯玻色取样”，都只能用来解决某一个特定问题。未来量子计算机的研制要大幅度提高可操纵的量子比特的数目（百万量级）和精度（容错阈值99.9%），用于解决若干具有重大实用价值的问题。

另一方面，目前可用来搭建量子计算机的材料有限，未来量子云计算机的突破，更有可能依赖于新材料在量子计算硬件上的创新。科学家团队表示，希望能够通过15至20年的努力，研制出可编程的通用量子计算机，用以解决一些应用非常广泛的问题，比如密码分析、气象预报、药物设计、交通流管理、新材料研发等

---

① 袁岚峰．量子信息简话：给所有人的新科技革命读本［M］．合肥：中国科学技术大学出版社，2021：121.

等，同时也可以用于进一步探索物理学、化学、生物学领域的一些复杂问题。

就“九章”在技术层面的意义，专家还表示，这个工作表明用光子实现通用量子计算机是大有希望的。如果给“九章”量子计算原型机加上自适应测量，就能做出通用量子计算机。现在超导电路、离子阱、光量子计算等多个候选系统，竞争极为激烈，中国科学技术大学研究组几乎是以一己之力把光量子计算技术又拉回到舞台中央。与其他系统相比，光量子计算机的最大优势在于它可以在常温常压下工作，而且与量子通信、量子网络技术能无缝对接①。

总之，当今时代，基于量子物理学原理的信息技术正方兴未艾。作为世界科技前沿领域，研制量子计算机也是世界各国角逐的焦点。世界各国的科学家都希望能在量子计算领域领跑于量子科技前沿。谁能首先研制出量子计算机，在一定意义上，谁就拥有了可以傲视群雄的“量子霸权”或者说“量子优越性”。

量子计算机的优势就是更强的算力。算力提高以后能做的事情几乎是无穷无尽的，远不只是现在能想到的事情，也许到时会产生出大量现在无法想象的新应用，这才叫作颠覆性的未来技术。预测未来是困难的，但预测未来的最好方式，就是把它创造出来②。

2021 年 9 月中国科学技术大学等多家高校院所实现了 60 超导比特的超导量计算机，这实际上与谷歌的量子计算研发保持在了同一水平。2019 年谷歌宣布在 53 比特超导量子计算机上，用 200 秒完成超级计算机 1 万年的计算量，表现出量子计算机强大的能力。而中国也在同一问题上实现了量子优越性。不仅如此，2021 年 9 月北京量子院研制了 503 微秒的量子比特，这是全世界寿命最长的超导量子比特。因此，我国在量子计算方面也是很先进的，处在第一梯队中。

在未来五年中国量子计算研究团队希望做到 1000 个量子比特，这样就能够找到一些比经典计算更快求解的实际应用。谷歌也提出了同样的目标，这是一个极具挑战性的目标。而一个真正的通用容错的量子计算机需要 100 万个量子比特，精度要求为 99.8%。这个难度相当大。中国科大量子计算团队希望与谷歌正面竞争，和他们一样，提出在未来 10 年做到 100 万量子比特。

---

① 袁岚峰．量子信息简话：给所有人的新科技革命读本［M］．合肥：中国科学技术大学出版社，2021：121.

② 袁岚峰．量子信息简话：给所有人的新科技革命读本［M］．合肥：中国科学技术大学出版社，2021：123.

总之，量子计算是具有巨大潜在价值的颠覆性的科技发展方向，并且近年来在各方面都取得了快速发展。无论是远期的容错量子计算还是近期的中等规模量子计算，具有实用价值的量子计算机都需要一定数量的低错误率量子比特，当前的实验技术还无法完全满足条件。未来的发展既需要从理论上研究量子算法和错误处理方法，同时也需要实验技术在量子比特数量和错误率两方面的进步。这些工作需要踏踏实实的努力，并且要有十年磨一剑的信心和定力。

第五章

各怀绝技的量子算法

GEHUAIJUEJI DE LIANGZI SUANFA

量子计算机优越于经典计算机，但是打造一台量子计算机并非易事。打造一台量子计算机难度在哪里？非常重要的一个方面就是算法。如果说量子计算机使得我们可以利用对量子力学的理解来完成一些经典计算机上实现不了的任务，那么，隐藏在量子计算机背后，真正将这些不可能变为可能的正是量子算法。

算法在本质上就是计算机程序的逻辑展现。在量子计算机上，我们可以通过某种量子算法来解决某些问题，而这些问题采用其他算法是无法解决的。因此，量子计算机的计算潜力需要应用适当的量子算法开发，发展新的量子算法对量子计算机应用是非常重要的。事实上，真正将量子计算研究推向高潮的正是一些重要量子算法的提出，这些算法展现了量子计算的强大潜力。

Shor 算法就是一个革命性的算法，它针对整数分解问题，极具颠覆性。因为目前所广泛使用的公开密钥密码体系的依据是大数因子分解困难。Shor 算法意味着一旦开始使用量子计算机，该问题就变得轻而易举，现有的公钥密码体系也随之瓦解。Shor 算法让人们首次看到了量子计算具有独特优势。

随后是 Grover 算法考虑无序数据库搜索问题，相对经典计算机下直接遍历的思路，量子算法可以利用叠加等特性来实现开方加速。尽管 Grover 算法并没有能够像 Shor 算法那样展示出超越经典的指数加速，但因为无序数据库搜索问题在现实中的广泛应用场景，也被认为是量子算法的另一大重要应用。运用 Grover 算法，搜索一个庞大样本的无序数据库，如果用经典计算机需要 2 万年，用同样速度的量子计算机只需要 1 秒，这个算法对对称密码构成威胁，因而也备受关注。

随着量子算法在上述问题上展现出相对经典计算方案的优越性，越来越多的研究人员开始研究它在其他应用场景下的潜在可能，如线性方程组的量子算法以及由此展开的量子机器学习的研究、量子近似优化算法等一系列工作不断涌现。

近年来，量子计算机在人工智能方面的应用受到越来越多的关注，谷歌也成立了相应的量子人工智能实验室。经典机器学习的算法受制于数据量和空间维度所决定的多项式时间，而量子计算机则通过 HHL 的量子算法能更快地操控高维向量并进行大数据分类，比经典计算机在机器学习速度上有显著的优势。

下面，我们就选取几个代表性量子算法做一简单介绍。

一、Deutsch-Jozsa算法：小试牛刀

1992 年，大卫·多伊奇（David Deutsch）和理查德·兹萨（Richard Jozsa）提出了一个计算问题，以表明量子计算机的确在解决某些问题上具有优势。他们提出的问题是：假设有一个“量子黑盒”，它判断一个函数 $f:\{x\}\rightarrow\{0, 1\}$ 对于不同的输入 x 是否给出相同的输出 0 或 1。函数 f 需要满足一定条件：要么所有的输出均相同；要么在所有的输入 x 中，一半的输出为 0，一半的输出为 1。对于输入为一个比特的情况，也就是 x 有两个取值 0 和 1，用经典计算机解决这个问题需要计算 f 至少两次，而用量子计算机只需要计算 f 一次。

当输入比特增多的时候，确定性经典算法需要计算 f 的次数随着比特数量指数增长，而量子算法仍然只需要计算 f 一次。例如，对于 N 个输入比特的情况，总共有 $2N$ 种可能的输入 x，有可能在查看 $2^{N-1}+1$ 种输入以后才发现有不同的输出。因此，在经典计算中，一个针对上述问题的经典确定性算法在最坏情况下需要进行 $2^{N-1}+1$ 次计算。而在量子计算中，上述问题通过执行一次函数 f 就可以确定性地判断出来。这就是多伊奇－乔兹萨（Deutsch—Jozsa）算法。

尽管多伊奇－乔兹萨提出的这个计算问题，在实际应用中的意义目前并不明显，但是，多伊奇－乔兹萨（Deutsch–Josza）算法 , 作为最早一批展示出量子算法可以比经典算法在某些问题上有指数提高的例子，对量子算法与量子计算领域的推动不可小觑。

二、Shor算法：破解银行密码

1994 年，美国计算机科学家、贝尔实验室研究员彼得·肖尔（Peter Shor）发现了一个能够解决大因数质因子分解问题的量子算法，称为“Shor 算法”。这一算法让世界看到了量子计算的威力，因为它可以轻易地破解银行账户的密码。因此，Shor 算法一经提出，就闻名于世。

在现代密码学中，许多密码系统都是利用大数分解来进行加密，以保护隐私和信息安全。因为分解大数质因子对经典计算是个难题，比如，用经典计算分解一个

300 位的数字，可能需要 15 亿年，所以现在广泛使用的 RSA 加密算法[①]，就是以这个难题为基础的。具体而言，RSA 算法基于一个十分简单的数论事实：将两个大素数相乘十分容易，但想要对其乘积进行因式分解却极其困难。因此，可以将乘积公开作为加密密钥。RSA 加密算法现在保护着我们银行存款的安全（关于 RSA 算法的说明参见附录五）。

但一个大问题是：RSA 加密算法真的可靠吗？中国科学技术大学袁岚峰教授给出了一个不确定的回答：不知道，因为它并没有得到过数学证明。不能排除这种可能：将来有个聪明人发明了一种高效的算法，一下子就解决了大数的因式分解问题。甚至还有可能，这样的算法已经发明出来了，只是没有公布。

设想一下，如果你是某国情报部门的领导人，你的部门有人发明了破解 RSA 的算法，你会公布吗？恐怕不会。你更可能采取的做法是在暗中破解别人自以为安全的密码。事实上，并没有人证明过破解 RSA 一定要通过因数分解。因此，存在这样的可能：不做因数分解就能直接从密文获得原文。不过这是另一个问题，这里不做讨论。

上面这些讨论针对的都是经典计算机，那里只是提出一些“隐患”。但现在已经有了一个确定无疑的“明患”。Shor 算法可以解决某些经典计算机难以解决的计算问题，从而给量子计算机的研究注入了活力，激发了近年来研究量子计算机的热潮。

量子计算机一旦研制成果，它运行以 Shor 算法为代表的量子算法，可以快速地对大整数进行因数分解，在破译密码上，它的运算速度快到让经典计算机望尘莫及。举个例子，用一台每秒计算 1 万亿次的计算机分解一个 300 位的数字，经典计算需要 15 亿年，量子算法只需不足 1 秒钟；分解一个 5000 位的数字，经典算法需要 50 亿年，量子算法只需 2 分钟！这就是量子计算的威力。

运用量子算法，科学家能对大数的因式分解实现高速求解。这给计算界带来了

---

① RSA 加密算法是由麻省理工学院的三位计算机科学家罗纳德·李维斯特（Ronald L. Rivest）、阿迪·萨莫尔（Adi Shamir）、伦纳德·阿德曼（Leonard M. Adleman）于 1977 年设计出来的，也是以他们名字的首字母命名的。事实上，他们并非这一算法的第一发现者。这个方法最初由英国科学家克得福德·柯克斯（Clifford Cocks）在 1974 年开发。柯克斯当时在英国政府国家通信总局（GCHQ）的情报通信中心工作，他的开发成果被作为秘密保护了起来，这致使他的发明不为人所知，直到 RSA 发布后才得以解除保护。

喜悦的同时，也带来了忧虑。人们开始担心 RSA 加密体系的安全性了。如果公钥加密的密码被破解，所有运行在公共网络上的数据都将变得透明，必将对整个互联网的安全造成重大影响。当然，突破安全网站是 Shor 算法的使用方式之一，它还能被应用于更广泛的计算问题上。因为不只是未来的密码才需要破解，可以确定的是，一些政府机构已经在囤积截获的加密信息，他们怀疑这些信息具有长远的政治意义，因而，希望并期待能够在 10 到 20 年内将其破解。

这就意味着，利用量子计算机，我们可以破解经典计算机无法破解的密码，这给密码系统的安全性带来了挑战。即使是一台非常简单的量子计算机，都可以将这种上百位数的数字分解为因数，并且在大约几分钟内破解密码，而更加先进的量子计算机可以在几毫秒内就可以破解。这就是量子计算或量子算法的优越性。想象一下实现这样的情况时，会是怎样的一种恐惧和喜悦混杂的复杂心情。恐惧是因为“我们的”秘密有可能被泄露，喜悦是因为“他们的”秘密，有可能被我们所知道。

有很多方法可以估计量子计算机运行该算法的时间。一种估计是，如果用超级计算机来分解一个 400 位的数字，大概需要 60 万年，但如果用量子计算机来计算（假设我们已经有了一台合适的量子计算机），只需要几个小时甚至几十分钟就能完成计算。因此，肖尔的这个量子算法非常著名。它把不可能完成的任务变成了可能，其最大的倚仗仍然是量子叠加态和量子并行性。

不过需要注意，量子计算只是在算法层面破解了 RSA，而在硬件层面能大规模执行因数分解的量子计算机还没有造出来。目前科学家在实验室里造出的量子计算机规模还不够大，能分解的合数也不大，远未达到能破解银行密码的程度。因此，我们的银行存款暂时是安全的。我们现在还在用 RSA 密钥体系，但数据安全工作者都知道，这种状态不会持续太久了。

例如，2020 年 5 月美国哈德逊研究所（Hudson Institute）发布了一个报告《高管的量子密码指南：后量子时代中的信息安全》，其中提到，谷歌首席执行官预测，加密技术的终结可能在 5 年内到来。这个具体的时间并不重要，真正重要的是要意识到这个明确的趋势，未雨绸缪。

在实现 Shor 算法方面，我国科学家走在了世界的前列。2007 年，中国科学技术大学潘建伟科研团队使用光子量子计算手段实现了数字 15 的质因数分解。2008 年中国科学技术大学杜江峰科研团队使用核磁共振量子计算手段实现了数字 21 的质因数分解；2012 年实现了数字 143 的质因数分解；2017 年实现了数字 291311

的质因数分解。连续刷新了质因数分解的世界纪录[①]。2017 年杜江峰院士团队首次在室温条件下的钻石量子系统中实现了质因数分解实验，为未来建造能在室温固态环境下工作的量子计算机打下了基础。

尽管 Shor 算法对现行的 RSA 密钥体系构成了威胁，但它无疑是一项伟大的发明，它指出了原有密码体系的不足，展示了量子计算的崭新能力，拓展了人们的认知。自 1981 年以来，科学家已经取得了巨大进步，在量子算法的设计和实现上做出了很多利用量子特性加速计算的工作。但对于有些密码算法，还没有发现 Shor 算法这样可以进行破解的量子算法。

因此，抵御量子计算对密码安全的威胁有两种方式：一种是基于量子物理的量子密钥分发；另一种是后量子密码，即用量子计算还无法破解的经典密码算法。科学家也一直在致力于研究基于量子规律的密码学——量子加密。正如袁岚峰教授所说，如果把 Shor 算法比作锋利的矛，能轻易刺穿经典加密手段的盾的话，那么能与它抗衡的量子的“盾”也必将出现。也就是说，Shor 算法的破译密码的潜力足以证明建造量子计算机的努力是可行的。但Shor算法并不是唯一重要的量子算法。

三、Grover算法：大海捞针

Shor 算法提出一年后，1996 年，同在贝尔实验室的计算机科学家洛夫·格罗弗（Lov Grover）提出了一种量子搜索算法，叫作 Grover 算法，进一步证明了量子计算的强大。Grover 算法充分利用了量子计算的并行特征，针对无序数据库的搜索问题，同时给整个数据库做变换，用最快的步骤显示出需要的数据，给搜索提供了平方级别的加速（耗费时间是经典搜索的平方根关系）。这个算法有很高的实用性，因为许多的非确定多项式（NP）问题都可以转化为对问题解空间的搜索问题。

现代社会，我们经常会利用计算机进行信息检索。计算机在信息检索上是快捷的，它使用了巧妙的技术来实现这一过程。这些技术中最简单的就是索引技术。几乎所有数据库的建立都离不开索引技术。一个数据库文件往往包含有许多记录，每

---

① 这离破解 RSA 有多远呢？目前常用的 RSA 密钥长度是 1024，也就是说，密钥是二进制的 1024 位数。291311 是一个十进制的六位数，换算成二进制是一个 19 位数，离 1024 位还很远。

个记录由索引的值标识。一般索引的不同取值对应着不同的记录。例如电话簿、英汉词典都可看作是一个数据库文件。在电话簿文件中，姓名和电话号码构成一个记录，姓名是索引。在英汉词典中，一个英文单词和它的汉语注释构成一个记录，英文单词是索引。一般数据库文件为了便于查找使用，总是按索引进行了适当分类、编序。例如电话簿中的姓名和词典中的单词都是按字母顺序排列的，因此使用起来很方便。

如果一个数据库是未加整理的，就是说它是随机排列的，或者是没有索引的，譬如一个把电话号码作为索引的电话簿，希望从这样的电话簿上找到某个用户的电话号码，这个问题就不是那么简单了。特别是当数据库中的数据 N 很大时，要从这样一个数据库中找到一个特定的记录，的确就像从“干草堆中找到一根针”那么困难。但是，Grover 量子搜索算法，可以达到通过查询这样的电话簿 $\sqrt{N}$ 次，就能以非常接近 1 的概率把这个用户的姓名找出来。

举例来说，如果数据库存有 100 万人的信息，理论上，你也许需要在搜寻了 999999 个人之后才能找到你需要的信息，这将是令人沮丧的。即便取平均值，你也需在搜寻了 50 万条信息后才能找到你的目标。然而，利用量子计算机和 Grover 搜索算法，可以保证在 1000 次搜索后找到你需要的信息，因为量子算法会在信息数目的平方根上进行运算。因此，Grover 搜索算法建立起了另一种对量子计算机进行编程的强大方法。

也就是说，如果在未建立索引的情况下对数据库进行筛选，运用 Grover 搜索算法的量子计算机，相较于传统计算机更具有优势且优势强大，以至于格罗弗在《物理评论快报》上投稿的文章命名为“量子力学助你实现大海捞针”。

也许有人会说，今天的谷歌和其他一些搜索引擎似乎可以在眨眼间就在巨量的数据中完成检索。事实上，这些搜索引擎都是通过不断建立索引以达成目的，而索引的建立对能源和存储空间都是一个巨大的消耗。面对这些巨量信息，量子搜索引擎将会为我们带来革新。重要的是，量子搜索引擎并非对每个独立的单项进行检索，它是以概率为要点进行工作的。因此，格罗弗算法可采用更类似于人类那样的模糊标准进行搜索。

格罗弗给出了一个例子。在这个例子中，我们需要寻找某人的电话号码。那人也许是某天你在大街上偶遇过的人，你记住了他的名却忘记了他的姓。假设，你认为他有 50% 的概率姓王，有 30% 的概率姓张，有 20% 的概率姓李。你还记得的信息是：他的办公室在时代广场，他电话号码的最后三位数和你的一个朋友的电话号码的最后三位数完全相同。在我们解决现实中那些去结构化需求时，这些模糊信息就是一个典型的起始点。与任何传统搜索引擎所能达到的速度相比，格罗弗的新算法会使量子计算机用更短的时间取得更接近真解的结果。

有研究者认为，描述问题的 Grover 搜索算法存在的问题是，如何在量子数据库中建立每个记录的索引和记录内容之间非经典的联系。如果这种联系是经典的，那么由给出的索引值就可按经典方法找到记录内容，不必进行搜索。因此，Grover 搜索算法真正的意义可能在于，用它解决那些在经典计算中需要用“穷举搜索”才能解决的问题，而不是真正的随机数据库的搜索。

Grover 搜索算法的实质就是构造一个迭代方法，通过反复执行这个迭代，放大要寻找态的概率幅，同时抑制其他态的概率幅，使最后执行的在计算基上的投影测量，能以最大概率得到所要寻找态的值。如果一个数据库有 N 个记录，其中只有一个记录符合要求的条件，需要多少次迭代才能以接近 1 的概率得到这个记录，需要的迭代次数代表了 Grover 搜索算法的加速性能。

Grover 搜索算法可以对随机数据库相对经典搜索平方根加速。是否存在更为精致的量子算法，利用量子计算的优势实现进一步的加速呢？在量子计算早期，人们曾希望借助于量子搜索，以线性时间搜索指数大的非结构（即随机）空间，用多项式时间的量子算法解经典上 NP 问题。美国国家科学院院士、量子物理学家贝内

◎肖尔（P. W. Shor）

◎格罗弗（Lov Grover）

特（Charles Bennett）等人的研究挫败了这一希望，他们证明，Grover 搜索算法是最优搜索算法，没有其他量子算法用于随机数据库搜索，可以超过 Grover 搜索中的平方根加速。

四、量子算法在不断拓展

从二十世纪九十年代，肖尔（Peter Shor）发现大数质因子分解的量子算法、格罗弗（Lov Grover）发现随机数据库搜索的量子算法以后，人们试图研究分析量子算法的数学结构，希望找出某些规律，为发展新量子算法提供指导作用。

1996 年，劳埃德（Seth Lloyd）提出了可以模拟局域相互作用量子系统演化的通用量子计算机算法。根据这个算法，模拟量子系统演化的误差可以趋近于零，而算法所需的资源随着子系统个数、误差等参数的变化是一个代数函数。因此，通用量子计算机可以有效模拟量子系统演化。

基于对演化的模拟，量子计算机还可以用来求解某些量子系统的基态能量等问题。量子系统的演化和基态能量是两个非常重要的计算问题，在物理、化学和材料等学科的研究中均有应用。

2009 年，基于量子相位估计和哈密顿量模拟思想的 HHL 算法被提出，这是第一个求解稀疏线性系统的量子算法，时间复杂度为 $O(\log(N)k^2)$，相对于经典算法具有指数加速的优势。HHL 算法的出现极大地促进了量子机器学习的研究，可用于数据拟合，在支持向量机上可实现指数加速。

当然，量子计算还存在许多潜在的用途，人类可以继续创造发明新的算法。我们目前能掌握的主要是快速搜索和大数因子分解这两项应用。相较于可运行这些算法的计算机而言，量子的发展显然要比量子计算机的发展更超前。虽然今天已有了可视为量子设备的商用计算机，但它并不能全方位地运行量子计算机算法。

也就是说，算法是量子计算的软件，但要实现量子计算，单有软件还不行，还需要有硬件。

第六章

量子计算机的物理实现

LIANGZI JISUANJI DE WULI SHIXIAN

近年来，随着量子信息科学技术的发展，量子计算机的物理实现已成为发展最为迅速的领域之一。量子计算机基于量子比特的叠加和纠缠特征，在运算速度和解难题的效率上远超经典计算机，因而成为第二次量子技术革命的重要标志物。不同学科的研究人员都从自己的专业出发，去尝试满足量子计算机需要的条件，使量子计算机研究成为几乎涵盖整个物理学、量子物理学最主要的研究前沿。

但是，量子计算机的物理实现并不容易，要使量子计算机工作起来，就得把量子比特从周围的环境影响中隔离出来，让它只能与门及其他量子比特相互作用，从而克服量子系统的退相干效应，提高量子比特系统的可扩展性。事实上，做到这点是非常困难的，量子粒子通常会在极短的时间内与周围的物质相互作用，产生退相干。这个过程会使它失去叠加态，在计算机上不再具有任何价值。对纠缠粒子来说，这个问题更大，还得翻一倍。为此有人评论说："纠缠之始也，维艰。其守亦难，遑论其用乎。"

那么，什么样的量子系统才能够实现这样的量子计算机呢？

一、量子计算机实现的物理条件

量子计算机是一个量子力学系统，遵循量子力学的运行规则。按照量子力学的基本原理，描写量子计算机内部相互作用的哈密顿量决定了一个希尔伯特空间，量子计算中通常使用这个空间或它的一个子空间来编码要处理的量子信息。量子计算就是按照算法要求，对编码有信息的量子态进行一系列逻辑运算。为了利用量子叠加态带来的好处，这些运算操作必须保证编码的相干性，因此，这些操作应当是编码态幺正演化和测量操作，都需要通过控制系统内、系统和外界，以及系统和测量仪器的相互作用来实现。

因此，量子计算机的物理实现需要不同寻常的物理系统。成功实现量子计算机有两个重要指标：一个是量子退相干时间，另一个是可扩展性。"退相干时间"指的是量子态与环境作用演化到经典状态的时间。因为量子计算必须在量子叠加态上进行，所以量子计算机的退相干时间越长越好。"可扩展性"指的是系统上可以增加更多的量子比特，从而才能走向实用化量子计算机。量子系统不同寻常。根据物理学家对量子计算机的物理实现的讨论，一个物理系统作为量子计算机的候选者，必须满足以下条件：

（1）必须是一个能够构建可扩展的可控的量子比特系统。一个量子比特是一个双态量子系统，它不仅有两个经典上线性独立的态，分别编码逻辑态 $|0\rangle$ 和 $|1\rangle$，而且还可以制备出这两个态的任意线性叠加态 $\alpha|0\rangle+\beta|1\rangle$，其中 α 和 β 是复数，也是态 $|0\rangle$ 和 $|1\rangle$ 出现的概率幅，满足归一化条件 $|\alpha|^2+|\beta|^2=1$。足够多这样的量子比特量子系统，就可以给出足够多、离散的、不同的物理状态，就可以编码要处理的信息，这就是量子计算机成功实现的重要指标之一：要求量子比特系统具有“可扩展性”。

（2）能以高的精度把量子比特制备到特定的初始状态，例如系统基态。量子态制备和量子破坏测量是量子力学中两个密切相关的问题，实际上是同一个问题的两个不同方面，二者并没有本质的区别。对系统的量子态执行测量，如果着眼于从测量中获得关于现存系统态信息，这就是一个测量过程。根据量子力学测量理论，测量刚刚进行完毕，“系统就处在测得的那个量子态上”，测量过程也是从旧态获得新态的态制备过程。因此，计算超导量子比特的破坏测量，也可以用于超导量子比特态制备。

（3）为了使用量子计算机执行有意义的量子计算，需要根据具体问题的算法要求，对初始态进行足够多步骤的逻辑门操作。为了保证在执行逻辑运算期间，量子信息不丢失，要求量子计算机系统编码态的量子相干保持时间应足够长，同时实行基本逻辑门操作需要的时间应尽可能短。

（4）为了对编码态执行算法规定的幺正操作，需要对编码态执行一位门操作和任意两位纠缠门操作。为了能对量子计算机执行这些操作，就需要能分别控制每个量子比特和其他量子比特的耦合，即以理想的方式接通或关断两个量子比特之间的相互作用。

（5）为了提取出计算结果的信息，或在计算中间阶段为执行纠错进行出错诊断，需要对计算机量子态进行测量，测量体系的输出状态，读出量子信息。对编码态的测量，不仅在计算结束时提取计算结果需要，在计算过程中为了实行纠错，也需要执行以诊断出错误为目的的测量。想要实现量子计算机的物理系统，就应该允许方便地进行这种测量。

在这五个条件中，条件（3）是对量子计算机提出的具体要求。首先，量子态极其脆弱，很容易和环境耦合而退相干。为了执行一个计算任务，必须要求系统在编码态退相干之前，计算已经完成。要实现这一点，自然需要量子计算机系统编码态有足够长的相干保持时间，同时实行每个逻辑门操作需要的时间尽可能短。在量子计算机研究中发展起来的纠缠技术，就是在一定的硬件条件下，延长编码态相干保持时间的软件方法。

其次，量子计算机的运算操作是对编码态的幺正演化。任何一个计算任务的算法，都必须通过一系列的幺正演化操作实现，而任何复杂的幺正演化操作都可以分解为通用逻辑门组的组合。由于一位、两位纠缠门构成量子计算通用逻辑门组，所以经典计算机条件“能对初始数据态按算法要求进行变换或演化，完成算法规定的计算过程”，对量子计算机就必须要求能执行量子计算的通用门组的操作，所以，上述实现量子计算机的条件，可以看成是一般计算机条件（3）在量子计算条件上的具体化。

这些条件对于经典计算机很容易同时满足，而对于量子计算机就很难同时满足。这些条件往往会打架！例如，原子核的自旋可以作为很好的量子比特，但测量它的状态却十分困难。因为测量是与量子比特态的相互作用，这种相互作用会影响、改变量子比特态的原始状态，会使其量子相干性消失，自动退相干为一个经典态。这就是为什么制造量子计算机十分困难，实用的量子计算机即通用量子计算机到现在还没有造出来。目前造出来的都是量子计算原型机，是只能解决某些特殊问题的专用量子计算机。

因此，经过上述条件的限制之后，量子计算机的可选方案就变得有限。目前主流的技术路线有超导电路、离子阱、光学、核磁共振、金刚石色心和冷原子等几种。所说的“量子计算机”指的就是用系统来实现量子计算机。“光量子计算机”采用的就是光子系统，“超导量子计算机”采用的就是超导电路。

如果你要问，哪种技术路线最好？根据袁岚峰教授，基本的回答是：现在还不知道。量子计算的领域十分广阔，不同物理系统来做量子计算的优劣是不同的。现在我们已知道，制造量子计算机就是想利用量子态的相干叠加性，但量子态的相干叠加性又很脆弱，容易与环境相互作用而发生退相干，失去宝贵的量子相干性，变为经典态。这就是需要攻克的一道难题，所以在选择技术路线上，用什么物理系统就面临困难。比如说“光量子计算机”退相干时间长，这是优势，但可扩展性又较差。超导电路可扩展性好，是优势，但退相干时间又很短，大约只有 10 微秒，即 0.00001 秒。因此，没有哪一条路线能包打天下。现在的研究正处于百舸争流、竞相绽放阶段。

美国的"悬铃木"用的是超导电路，中国的"九章"用的是光学。但这绝不是说美国就把自己固定在超导上了，中国就把自己固定在光学上了。实际情况是，所有人都在尝试所有技术路线。例如，中科大潘建伟研究组就既有人在做光学，也有人在做超导，还有人在做冷原子，等等。因此，有些人急于论证某条路线比某条路线好，以此来论证某个国家比某个国家先进，正如中科大袁岚峰教授所见，其实都大可不必。广撒网，努力把每一个方向都推向前进，才是当前最需要的。①

二、量子计算机的物理实现进展

要实现量子计算，就需要先建造一台量子计算机，而量子计算机最核心的部件是量子比特。为此，选择什么样适当的材料来制造可以良好运行的量子比特物理系统，就成为物理学家需要慎重考虑的问题。现在物理学家一直在努力尝试，以图通过构建量子二能级系统，研制出量子计算机。

当然，这是一件非常困难的事情。能够构成量子比特的系统有很多种，比如光子、超导、半导体、离子阱等等。现在最受追捧的就是超导量子计算，比如谷歌、IBM、腾讯、阿里等都在开展这方面的工作。此外，离子阱量子计算、光量子计算、拓扑量子计算，也是研究的重点。从物理学角度看，这些不同的物理实现存在许多共性，但各自又有不同的特点。

下面介绍的几种典型的量子计算机类型，可以让我们对量子计算机的研究情况有所了解，对其发展前景做出认识和判断。

1. 超导量子计算机

超导量子计算的研究，最初是从超导体的某些宏观量子现象的研究逐步开展起来的。1985 年，诺贝尔物理学奖获得者安东尼·莱格特（Anthony Leggett）就提出可以利用超导约瑟夫森（Josephson）器件来观测宏观量子现象。随着实验的发展和样品加工技术的进步，科学家在超导约瑟夫森器件上陆续观测到量子隧穿、能级量子化、量子态相干叠加以及量子相干振荡等量子现象，并且证明由超导约瑟夫森结组成的系统与原子一样具有分立的能级和量子态，与电磁场相互作用时表现

① 袁岚峰．量子信息简话：给所有人的新科技革命读本［M］．合肥：中国科学技术大学出版社，2021：101.

出与原子类似的性质。

超导量子计算机正是利用约瑟夫森电路的量子性质，利用纳米尺度超导上的电荷自由度等来编码量子比特。超导是半导体、绝缘体、金属之外最重要的一个物态，其最主要的一个特点就是原则上没有能量损失。超导量子比特系统，作为固态系统，具有较好的可扩展性，这对量子计算机的建造非常有利。此外，超导约瑟夫森结器件由于具有可集成性和可规模化的优点，与现有的光电子技术有紧密的联系，因此使约瑟夫森超导电路成为实现大规模量子计算最有希望的物理系统之一，受到人们的极大关注。

超导量子计算研究之所以在可集成性和可规模化问题上有独特的优势，是因为它通过电路实现量子比特，可以借助十分成熟的微电子制造技术制造量子计算机硬件，而且由于超导量子比特是人工制造量子比特，使人们在设计、控制和测量上具有很大的自由度。这使其他实现方案中长期困惑的可集成性和规模化问题能在超导量子比特上得到很好的解决。

另外，量子比特的超导电路实现和簇态量子计算方法结合，可以克服超导量子比特相干保持时间相对较短的缺陷。最近已有研究团队提出超导簇态制备的理论方案。所谓族态，是量子比特族系统的一个纯态，即多量子比特这样一类特殊纠缠态。因此，利用固态量子比特，以簇态为基础的量子计算可能是很有希望的方法。

超导量子计算机和经典电子计算机一样，都是通过电路实现，二者有着更密切的关系，非常适合和经典计算机的结合。因此，有研究者认为，量子计算机不可能是完全量子的，大模型的量子计算机必定是集成大量量子比特和用于操控和读出的经典电路构成。量子计算机只有和经典计算机结合，构成某种混合计算机，才可能最终实现高性能的计算。从这个意义上，超导量子计算可能是最好的选择，尽管超导量子计算还有一些问题没有解决。①

如何利用超导来实现量子计算呢？通常我们所说的量子系统都是微观系统，那么，对于一个宏观系统，如果我们可以将它的噪声或者外部扰动，降低到能与一个单原子或者单分子的微观系统的扰动相当时，这个系统会不会服从量子力学规律呢？答案是肯定的，如果我们能够构造这么一个宏观系统，它就可以拥有量子特

① 朱晓波．超导电路量子计算与量子模拟［G］// 陈宇翔、潘建伟主编．量子飞跃：从量子基础到量子信息科技．合肥：中国科学技术大学出版社，2019：121.

性。这就是超导量子计算机的研发理念，利用超导体的宏观量子效应。

在二十世纪八九十年代，物理学家们做了一个实验，他们将一个比单原子大一万倍的超导电路的噪声降低到极低的水平，然后去测量其物理特性。实验结果表明，这个极低噪声系统的确具有量子特性。这个实验告诉我们，量子力学是普适的，不管对于宏观系统，还是微观系统，只是对于宏观系统，量子效应往往被噪声淹没。

宏观量子效应具有显著的优点，就是其可扩展性非常好，与半导体中的 PN 结相似。在超导体中，有一个约瑟夫森结，通过约瑟夫森结组成与半导体电路相似的电子电路，并把外部环境的噪声降低到低于单量子扰动，我们就可以得到一个一个的量子比特。当然，这是一个非常有挑战性的工作。

超导量子比特相干叠加态是宏观量子叠加态，即所谓的“猫态”，对环境退相干作用特别敏感。在构造超导量子比特时，从量子比特可能有的许多自由度中选择一个自由度参数刻画我们的量子比特，这些未被使用的自由度和被采用的自由度存在相互作用，所有这些相互作用都可能成为量子比特态退相干的原因。

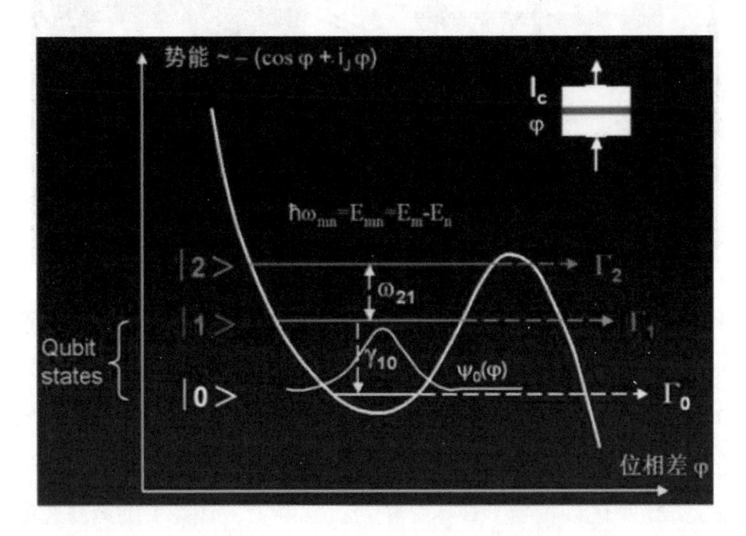

可见，超导量子处理器工艺与半导体芯片工艺非常相似，就是平面印刷工艺——通过印刷电感、电容和约瑟夫森结来构造量子比特。那么这项技术的难点在哪里呢？就在于怎么控制每一个量子比特不受到扰动。这也是它最难的地方。

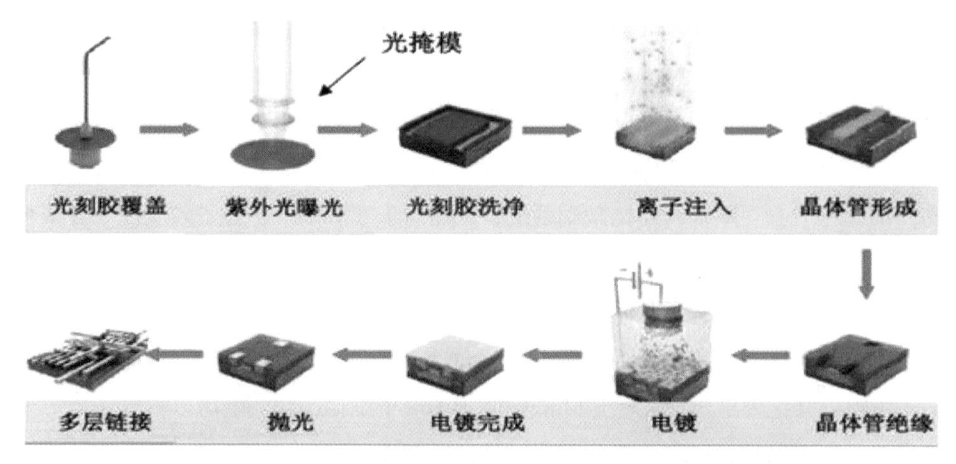

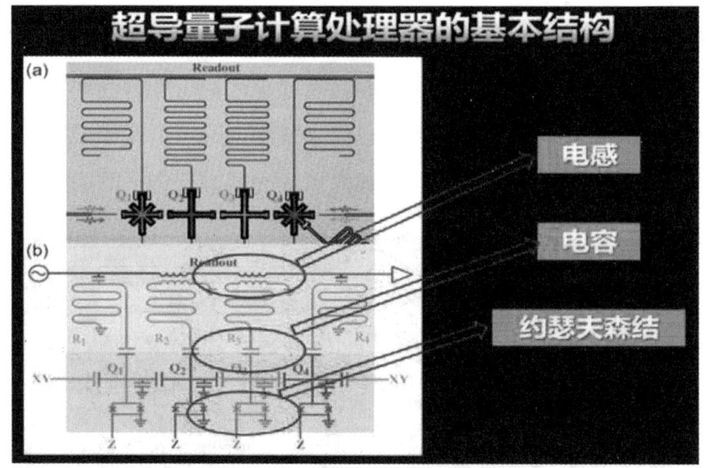

我们平时看到的许多宣传，比如IBM宣称研制出50量子比特的原型机，加拿大D-Wave公司宣称他们已经做出了几千量子比特的量子计算机。D-Wave公司声称“D-Wave量子计算机的运行速度比经典计算机快1亿倍”。“快1亿倍”是什么概念？简单来说，就是经典计算机需要耗费1亿秒的工作，量子计算机仅需1秒就能完成。1亿秒相当于3年2个月。实际上，计算机的运算速度会因问题不同而异，并不能如此简单化地理解，但大致就是这个意思。也就是说，在某些情况下，过去需要耗费大量时间和成本进行的运算，量子计算机瞬间就能完成。这种计算机的问世无疑会引发人们的惊叹。

根据中科大朱晓波教授的说法，这些宣传只告诉了我们故事的一个方面，就是比特数，而比特数恰恰才是超导量子计算领域最容易实现的目标。因为其本质还是半导体工艺，通过半导体印刷晶体管，可以轻松实现几百、几千的比特数。因此，单看更多的比特数来论量子计算机的研制，这是无用的，如果没有对每个量子比特的精确操控，比特数都是徒劳。

2019 年 10 月，谷歌量子 AI 团队所展示的“量子优越性”是一个坚实的进步。他们利用一个包含 53 个可用量子比特的可编程超导量子处理器，运行随机量子线路进行采样，耗时约 200 秒，可进行 100 万次采样，而如果使用当时最强超算 Summit 来计算得到同样的结果，按照谷歌的说法，需耗费约 1 万年。该成果是量子计算领域的一个重要里程碑：以实验证明，“量子优越性”，即在特定任务上，量子计算机可以大超越经典计算机的计算能力。

但需要指出，量子计算的核心是量子计算处理器。量子计算处理器是一个对单量子态进行超高精度模拟的处理器，它要求必须达到百分之九十九点几这样高精度的控制。因此，量子计算处理器几乎把我们用到的各种技术都推到了一个极致。为了实现对其高精度控制，需要把它放置在一个极低温环境中，这是因为在量子领域，温度也是噪声的一种，只有将环境温度降低到绝对零度附近，才可以降低温度所导致的系统扰动。去除干扰后，对处理器发送脉冲，就可以实现对量子比特的精确操控。这就是现代超导量子计算体系的工作机理。

从这个角度看，量子计算机要取代经典计算机还有很长的路要走，因为人们不可能每天扛着一个制冷机到处跑。中国的量子科学家预测，将来的量子计算系统会以服务器的模式出现在我们面前。

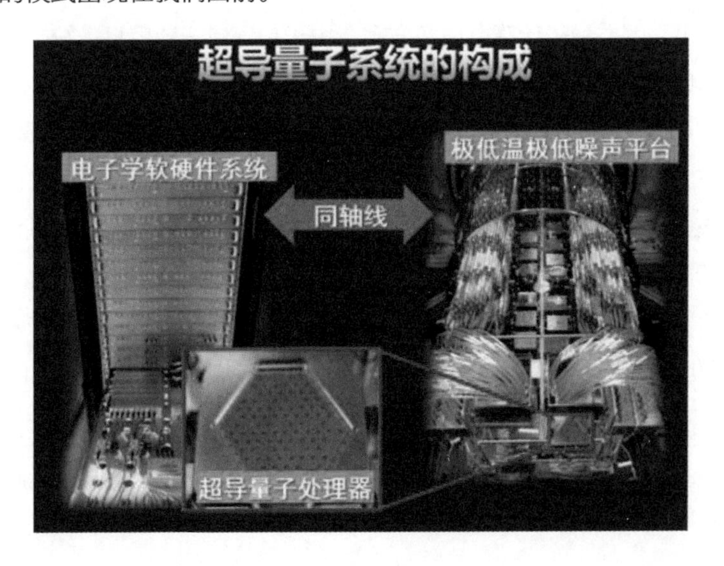

那么，谷歌公司实现的对 53 个量子比特的 99.4% 保真度的操控，这样的一个量子计算机可以做什么呢？目前，科学家们让它应用在了“量子随机线路采样”这个问题上，并且证实它的求解速度远远超过经典计算机。但是遗憾的是，这个问题没有任何实际应用，它只是用来演示量子计算机的计算性能。下一步，科学家们希望可以找到一些实际应用问题，实现在该问题上超过经典计算机的性能。

2. 中国超导量子计算机：“祖冲之号”

我国在超导量子计算领域起步较晚，相比于谷歌，中国量子团队曾经一度处于追赶地位。但值得骄傲是，2021 年 5 月，多年来专注于超导量子计算研究的中国科学技术大学潘建伟、朱晓波、彭承志等人组成的团队，成功研制出可操纵的 62 个超导量子比特的量子计算原型机“祖冲之号”①，比谷歌 2019 年实现的量子优越性“悬铃木”多出近 10 个量子比特，这意味着在目前的公开报道中，“祖冲之号”是世界上最大量子比特数的超导量子体系。

中国团队实现“祖冲之号”的研究方案是：在二维结构的超导量子比特芯片上，实现了对格点间隧穿幅，以及游走构型的精准调控，从而实现了可编程的二维量子行走。相关论文 2021 年 5 月 8 日以“在可编程二维 62 比特量子处理器上的量子行走”（*Quantum walks on a programmable two-dimensional 62-qubit superconducting processor*）为题发表于国际重要学术期刊《科学》（*Science*）。审稿人对这一工作的评价是：“在大尺度晶格上首次实现了量子行走的实验观测……这是一项清晰而令人赞叹的实验。”

一直以来，固态量子计算有很多方案，由于超导量子计算具备较好的工艺可扩展性，因此也被广泛认为是最有可能率先实现实用化量子计算的方案之一。此前摆在面前的难题是：难以在超导量子体系中实现对每一个量子比特的极高精度的相干操纵。在此次研究中，中国团队设计并构建出一个 8×8 的超导量子比特阵列，下图正是该量子处理器结构的示意图，其面积为 33 平方厘米，之所以设计成正方形，是为了帮助实现量子算法。

超导量子计算机会特别耗电吗？科学家的回答是不会。采用超导技术的量子计算机的求解成本（时间、耗电量）可能要远远低于经典计算机。因此，在解决那些

① 命名为“祖冲之号”，是为了纪念我国杰出的数学家祖冲之。他在刘徽开创的探索圆周率的精确方法的基础上，首次将“圆周率”精算到小数第七位，他提出的“祖率”对数学的研究有重大贡献。

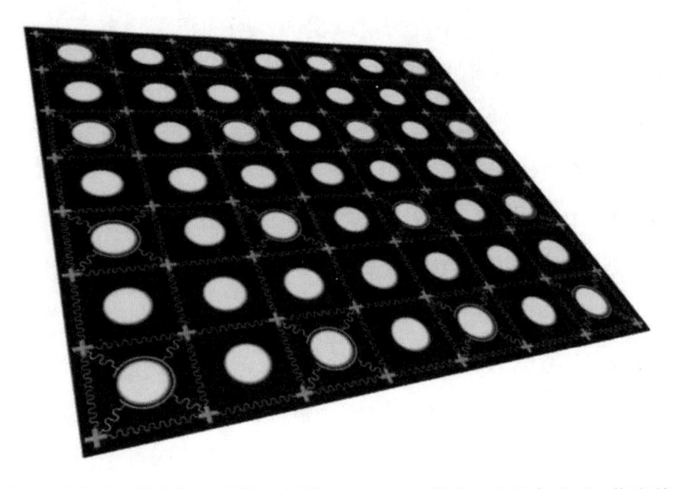

◎二维超导量子比特芯片示意图（来源：*Science*）图中一个橘色“+”，代表着一个量子比特，除去两个因为损坏而无法实现功能的量子比特，图中共有 62 个“+”高品质量子比特，它们之间相互耦合。

在经典计算机上计算需要耗费巨大成本的问题时，超导量子计算机可以发挥重要作用。从 IT 领域的耗电量占全球用电总量的 10% 这一事实来看，人们会发现发展超导量子计算机不单是因为量子计算机运算速度快，还有一个重要事实是耗电量少。

根据 2013 年《时代》周刊报道，全球 IT 行业的耗电量相当于世界总发电量的 10%。这个数字可与日本和德国的发电量总和匹敌，相当于全球飞机消耗能源总量的 1.5 倍。如今，这个数字可能有了进一步增加。而根据 2011 年《纽约时报》报道，谷歌公司消耗的电量相当于约 20 万户家庭的用电总量。这相当于一个核电站的发电量的四分之一。每搜索一次的耗电量与 60 瓦灯泡持续照明 17 秒钟的耗电量相同。虽然单次搜索的耗电量微不足道，但考虑到庞大的搜索总量，便会发现 IT 行业的能源消耗多得惊人，给环境造成了沉重负荷。

IT 企业推动了信息化社会的发展，在全球各地都催生了新的产业发展，但同时也面临着高耗电量的严重问题。从对地球环境的影响来看，IT 领域消耗的能量居然超过飞机消耗的能量，这就意味着，如果再不采取相应措施，IT 企业将面临谴责。

如果超导量子计算机研发取得进展，将 IT 企业所拥有的庞大计算机群中的哪怕一部分替换成量子计算机，那么整体耗电量也将会大幅减少。尽管现有的量子计算机能够处理的数据量（量子比特数量）还比较少，但这一缺点可以通过与普通计算机的混合得到解决。假设这个设想得以实现，用户将享受来自云端的量子计算机为自己提供服务。搜索服务和地图服务的操作方法仍旧与之前一样，或许只会觉得“最近电脑反应更快了”“搜索准确度提高了”等。而更为重要的是，后台由此大大减轻了给环境带来的负担。

D-Wave 量子计算机也是运用超导技术实现量子比特的。虽然冷却超导体也需要用电，但需要处于超低温状态的，只有面积约为 1 平方厘米的芯片部分，因此耗电量并不大，仅相当于超级计算机的五百分之一。而且，即使以后量子比特数量进一步增加，耗电量也不会有太大变化。

总之，超导量子计算机相对于目前提出的其他量子计算实现方案具有优越性。第一，超导量子计算机运算器操作、控制和测量，能够通过逻辑电子线路进行，可以高速、自动地实现；第二，由于超导量子计算机量子态制备、操作和测量全都可以通过电路实现，这种计算机器件可以借助于成熟的微电子学技术制造，非常方便集成化、规模化，目前已经制备出集成数十个量子比特的超导量子芯片；第三，这种超导全电路量子计算机非常适合于和现在的电子计算机结合，做成量子－经典复合计算机。①

因此，近年来，超导量子计算研究备受关注。国内外许多研究小组，正致力于超导量子计算机的物理实现。超导量子计算成为目前进展最快、最有希望的一种固态量子计算实现方法。

3. 离子阱量子比特计算机

离子阱量子比特计算机，就是用囚禁的离子构造计算机。与超导量子计算机相比，离子阱也是一个相当成熟的技术。目前认为，离子阱量子计算在影响范围方面仅次于超导量子计算。关于离子阱，科学家首先需要制备出这种离子，然后要用磁场去稳定住它们，让它们排成一排，这样它们就可以用作量子比特了。换言之，囚禁离子的目的是将离子与环境隔离开来，使其成为一个纯净的量子系统。离子是单个带电原子，因此通过电场特别是静电场，让离子在其中实现稳定平衡是最直接的想法。

离子阱在有些方面很有优势，比如它们非常稳定，可以较好地保持量子相干

① 李承祖、陈平形、梁林梅、戴宏毅编著．量子计算机研究（上、下）——原理和物理实现［M］．北京：科学出版社，2011.

性。目前，基于离子的量子比特相干时间已经超过 10 分钟，可以实现超高保真度（>99.9%）的普适量子逻辑门。由于离子系统在量子物理学，特别是量子计算与量子模拟上的重要意义，发明离子阱的沃尔夫冈・保罗（Wolfgang Paul）获得了 1989 年的诺贝尔物理学奖；第一次把离子技术用于演示量子计算的维尼兰德（David Wineland）获得了 2012 年的诺贝尔物理学奖；首次提出离子量子计算理论方案的伊格纳西奥・西拉克（Ignacio Cirac）和彼得・佐勒（Peter Zoller）也获得了 2013 年的沃尔夫物理学奖。

离子量子计算系统在实验方面拥有所有物理系统中多方面的世界纪录，包括迄今为止最大的量子纠缠态的制备。早在 2011 年，奥地利因斯布鲁克大学实验组就制备了 14 个离子量子比特的最大纠缠态（薛定谔猫态）。迄今最高的普适量子逻辑门的保真度：2016 年，英国牛津大学实验组利用钙离子的超精细结构作为量子比特，实现了保真度分别为 99.9% 的两量子比特门和 99.9934% 的单量子比特门，显著高于容错量子计算所需的 99% 最小阈值。迄今最长的单量子比特相干时间：2017 年，清华大学量子信息中心实验组通过钡离子协同冷却镱离子，并应用动态解耦脉冲来抑制磁场波动和环境噪声，在单量子比特上成功地观测到相干时间超过 10 分钟的量子存储。

早在 2003 年，科学家基于离子阱就可以演示两比特量子算法。离子阱编码量子比特主要是利用真空腔中的电场囚禁少数离子，并通过激光冷却这些囚禁的离子。2016 年，美国马里兰大学一研究小组基于离子阱制备了 5 个比特可编程量子计算机，其单个比特和两个比特的操作保真度平均可以达到 98%，运行多伊奇－乔兹萨（Deutsch–Jozsa）算法的保真度可以达到 95%。他们还进一步将离子阱的 5 比特量子芯片和 IBM 的 5 比特超导芯片在性能方面进行了比较，发现离子阱量子计算的保真度和比特的相干时间更长，而超导芯片的速度更快。这就显示了两种量子计算机因使用材料不同而各具不同优势。

离子阱量子计算潜力巨大。2015 年，马里兰大学和杜克大学联合成立了 IonQ 量子计算公司，2017 年 7 月，该公司获得 2000 万美元的融资，计划在 2018 年将自己的量子计算机推向市场。这是继超导量子计算机之后，第二个能够面向公众的商用量子计算体系。

国内的离子阱量子计算也于近几年发展起来。清华大学、中国科学技术大学都有研究团队从事这方面的研究。清华大学计划在五年内实现单个离子阱中 1520 个离子的相干操控，演示量子算法，说明中国也已经加入到了离子阱量子计算的竞赛中。

虽然囚禁离子系统已经达到了量子计算的各项基本要求，但要将此系统扩展到包含大量离子，足以解决经典计算机做不了的大规模计算问题，我们还面临着规模化和扩展性的问题。对于囚禁离子量子计算平台的规模集成化，量子科学家们提出了不同的架构模型，这些模型的共性是将大规模计算平台划分为基本模块。最主要的架构模型有两种：离子输运架构和离子量子网络架构。在离子输运架构中，不同的量子计算模块通过离子在不同阱之间的相干输运来链接，而在离子量子网络架构中，不同的计算模块通过光子纠缠通道形成量子计算网络。具体的说明这里就不作介绍，感兴趣的读者可以参阅陈宇翱、潘建伟主编的《量子飞跃：从量子基础到量子信息科技》（中国科学技术大学出版社，2019 年）一书中第 113—119 页的内容。

总之，相关专家认为，囚禁离子系统是最有希望实现大规模通用量子计算机的平台之一，它既可以作为一个独立的多比特量子计算节点完成大部分量子计算、量子存储等任务，也可以借助离子 – 光子接口实现多个可扩展点间的长程量子纠缠与量子网络通信。目前，基于囚禁离子系统的量子计算在理论和实验上均取得了巨大的进展。相信在不远的将来，研究者们基于囚禁离子系统能实现展示量子优越性的大规模通用量子计算平台。

4. 光学量子计算机

光学量子计算机是用光子来构造计算机。物理学家利用光子来进行量子计算研究，一个重要原因是光子有很多自由度，例如光子的偏振、路径、时间信息、频率、轨道角动量等。利用这些自由度，物理学家可以编码量子信息。并且光子与环境几乎没有相互作用，易于传播，因此光子也被称为“飞行的量子比特”。

用光子作为量子比特，有一些显著的优点：它们容易产生且非常稳定。在光学量子计算机构造中，物理学家通过制备高品质单光子作为基础的量子资源，进行量子比特的编码；而光量子比特的调控可以通过自由空间中的光学器件或者集成波导线性网络来实现。这意味着，构建量子计算机所需要的门将变得简单，用物理学家的话说，简单得如同组装分光器一样。在计算结束时，读取其计算结果也非常简单，因为光子检测技术的发达程度已非常高。物理学家利用单光子探测器，对光量子比特进行测量，就可以完成结果读出。

下面我们就介绍一下光学量子计算机的系统组成及其发展。

4.1 光学量子计算机的系统组成

光学量子计算机包括三个系统组成：单光子源、光学线性网络和单光子探测器。首先是单光子源的制备。由于光学量子计算机用单光子编码量子比特，因此，如何产生高质量和高亮度的单光子源对量子计算非常重要。一个理想的单光子源要求以 100% 的概率发射一个光子，并且每次发射的光子都是相同的。如果我们将生活中常见的光源如白炽灯、激光或者火焰发出的光进行衰减，会发现这些光也是由一个个单光子组成的，但这些光源每次激发的光子数目是不确定的，可能是一个，也可能是多个，因此这些经过衰减的弱光并不是单光子源。

常见的一些小规模的光学量子计算实验，采用的光子大多是基于非线性晶体的自发参量下转换过程产生的。如图 4.1（a）所示，当一束频率较高的泵浦激光经过非线性晶体时，高频的光子会以一个很小的概率劈裂为一对低频的光子，可以利用这个过程中产生的单个光子编码量子信息。这种实验技术成熟，效率较高，可以用于光量子计算，但由于自发参量下转换过程是概率性的，可能一次不发射或发射多个光子，从而造成计算准确性下降并且可扩展性较差。

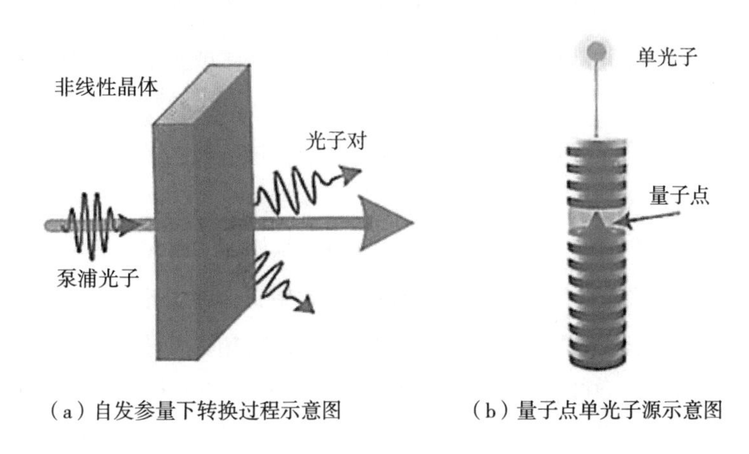

（a）自发参量下转换过程示意图　（b）量子点单光子源示意图

图 4.1　常见单光子源产生示意图（来自陈宇翱、潘建伟主编的《量子飞跃：从量子基础到量子信息科技》，中国科学技术大学出版社，2019 年，第 104 页）

真正的单光子源每次激发只会产生一个光子，一个典型的例子就是单个原子的辐射，但是，“囚禁”一个原子而让它固定在一个地方通常需要光阱或者其他电磁阱进行捕捉，这使得基于单原子的单光子源目前还很难得到应用。为实现确定性的可扩展单光子源，采用半导体量子点光源是一种重要的途径，如图 4.1（b）所示。近年来，在对量子点的生长、调控等技术方面取得很大进展，但实用化可扩展的单光子源还存在不少的挑战，例如提高耦合效率。未来将不断优化这种单光子源，从而获得高纯度、高效率的单光子。

其次，是光学线性网络的实现。在制备了光量子比特以后，需要对光量子比特进行相干操纵。在量子光学实验发展的早期，大量的光量子计算方案验证主要是基于自由空间的线性光学实验，物理学家采用散装的分束器、波片、相移片等线性光学器件实现对量子比特的调控。但随着量子比特的增加，这种光学网络会变得很庞大，对实验操作与稳定性的要求会越来越高，可扩展性稍差。

于是，研究人员开始尝试对这种庞大的系统进行小型化和集成化，发展了集成光学，将基本的光学元件集成到小小的“芯片”上。比如基于波导的光量子计算，把光学干涉网络集成为波导芯片，来进行光量子计算，不仅集成度高，而且还可以自由地调控集成的光学干涉网络，实现“编程处理”。2008 年，英国科学家波利蒂（Politi）等人在一块硅基二氧化硅芯片上构造了分束器的线性网络，进行了两个光子的干涉和简单的光子逻辑门实验演示。由于波导芯片都是整齐加工的，相对自由空间光学元件更加稳定，并且可扩展性更强，但由于器件表面不是绝对平滑的而造成散射以及光纤的衰减，效率还不够高，因此，集成光学技术仍然需要进一步发展。

最后，是需要对光量子比特进行测量，实现计算结果的读出。一个单光子的能量约为 200zJ，对这样一个低能量的光子进行探测是非常困难的，一般的光电检测器无法有效地对光子进行探测，需要使用单光子探测器，将单个光子的信息放大并进行记录。现在逐渐被广泛采用的探测器是超导单光子探测器，其原理是通过单光子能量局域超导薄膜或纳米线的边缘加热，将局部的超导态转换为非超导态，实现电流或电压的突变，利用这个突变不仅可以探测到光子，还能根据突变的大小分辨光子的数目。

4.2 光学量子计算的发展

近年来，量子算法的广泛研究与光量子操纵技术的进步，从“软件”和“硬件”两方面刺激了光学量子计算的发展，各个国家的研究组开始探索构建实用的光学量子计算机。

（一）光量子比特的制备和操控。在光量子比特的制备和操控实现中，用光子的偏振作为量子比特是最吸引人的，比如我们可以用光子的水平偏振表示逻辑 0，用光子的垂直偏振表示逻辑 1。最神奇也最能体现量子计算机优势的地方是：光子的偏振态可以处于叠加态，即偏振能同时处于 0 和 1。这在经典信息中，对应“又低又高”的电平，显然是不可能做到的。光子的偏振态能很容易被双折射材料制成的波片调控，但是实现光子比特之间必要的相互作用较为困难，因为光子之间的作用需要非常强的光学非线性效应，需要电磁诱导透明技术或光学腔中的原子－光子作用才能实现。因此，在相当长的一段时间里，人们认为光学量子计算机是不能实现的。

但令人惊喜的转机出现在 2001 年，物理学家伊曼纽尔·克尼尔（Emanuel Knill）、雷蒙·拉弗拉姆（Raymond Laflamme）和杰拉德·J·米尔本（Gerard James Milburn）证明了仅仅使用线性光学元件、单光子源和单光子探测器就可以构建普适的量子计算机，这个方案就是著名的 KLM 方案。这个方案的提出可以利用和经典的逻辑电路类似的线路模型构建量子逻辑门，对单个量子比特进行相干操纵，利用量子隐形传态实现近确定性的受控的量子门，有效地进行精确的量子计算。KLM 方案为光学量子计算扫除了原理障碍，光学量子计算从此进入了高速发展期。

但是，尽管 KLM 方案原理上是可扩展的，但实现一个量子门需要消耗大量的资源，例如，实现一个概率为 95% 的近确定性 CNOT 门需要消耗 1000 对以上的纠缠光子，这给大规模量子计算带来了障碍。为了实现真正可扩展的量子计算，人们提出了各种各样的方案，最受关注的是基于测量的量子计算模式。这种计算模型首先需要制备一种大规模的高度纠缠的多比特纠缠态——“簇态”作为计算资源，然后按照特定的顺序对某一个确定的量子比特做局域操作和经典通信，就可以确定性地完成计算。由于这种巨大的优势，光子计算机成为一种可能，科学家们研究多光子纠缠的工作就广泛开展了起来。

1999 年奥地利物理学家迪克·鲍米斯特尔（Dirk Bouwmeester）首先实现了三光子纠缠态。以此为导火索，四光子纠缠、五光子纠缠、六光子纠缠、八光子纠缠、十光子纠缠相继被我国的潘建伟团队实现。除此以外，德国的温福尔特（Hamld Weinfurter）小组、奥地利的泽林格（Anton Zeilinger）小组、澳大利亚的怀特（Andrew White）小组，以及英国的奥布莱恩（Jeremy O’Brien）小组都在进行多光子操纵的实验研究，并且取得了一系列令人瞩目的成果。

另外，随着波导的应用，物理学家也常用光子的路径进行编码。因为光子可以处于两条或多条路径的叠加态，通过调节两根波导管空间上靠得比较近的区域（称为定向耦合器）来准备需要的量子比特，在定向耦合器之前和之后，两根波导管被分开，从而没有了耦合作用。物理学家在波导上构建复杂光学网络的基础结构，利用这些线性网络，还可以构建纠缠态和更高维度的量子比特。例如，2010 年英国的奥布莱恩小组利用多个耦合器演示了关联光子的量子游走实验。

（二）量子算法的实现。在能够进行光量子比特编码以及对光量子比特进行逻辑操作之后，科学家们开始探索如何将光量子计算的“硬件”和“软件”结合起来，进行量子算法的演示以及对特定问题的求解。2005 年奥地利的泽林格小组首次制备了四光子簇态，演示了单向量子计算模型，并进行了 Grover 搜索算法验验。随后 2007 年我国潘建伟团队利用 4 个量子比特成功实现了 Shor 算法，演示了 15=35 的分解。同年，泽林格小组演示了 Deutsch 算法。2009 年，英国的奥布莱恩小组在波导芯片里实现了 Shor 算法。

基于小规模的光学量子计算平台，科学家对一些大数据量子算法进行了探索，潘建伟团队先后在该领域取得了多项科研成果：2013 年，基于光学量子计算平台成功实现了线性方程求解算法，求解了一个 22 的线性方程组；2015 年实现了监督和非监督量子机器学习算法的演示；2018 年实现了量子拓扑数据分析算法的演示。另外，由于目前还无法实现量子计算机的普遍化，为了能够满足一些用户的量子计算需求并保护用户的数据安全，科学家提出了盲量子计算方案。在这种方案中，用户能够将自己的计算任务外包给量子计算服务商，并保证自己的数据不会被泄露。2017 年，潘建伟团队基于光学量子计算证明了一个完全使用经典设备的客户可以委托自己的量子计算任务给一个不可信的量子服务商，同时可以保证隐私不会被窃取。这些量子算法的实现无疑是光学量子计算的极大进步，也为光学量子计算的实用化奠定的基础。

此外，2011 年美国 MIT 的量子计算科学家斯科特·亚伦森（Scott Aaronson）和亚历克斯·阿尔基波夫（Alex Arkhipov）专门为线性光学量子计算设计了玻色采样问题的实验方案，旨在短期内演示量子计算机能够解决经典计算机不能解决的问题，并证明量子计算机的绝对优越性：通过把 n 个光子输入到光网络幺正矩阵中，研究其干涉行为，并采样输出结果。从数学角度来看，想要得到玻色采样的输出分析，需要计算幺正矩阵的积和式（permanent），而矩阵积和式的计算是一个NP难问题。因此，对于经典计算机而言，随着玻色子数目的增加，玻色采样问题的计算难度呈指数上升。与Shor算法等标准的量子算法相比，玻色采样地实验的要求相对较低，因此受到广泛关注。2016年潘建伟团队基于高品质量子点单光子源，实现了时间纠缠编码方式的四光子玻色采样，并于2017年提升至五光子玻色采样，该玻色采样机在采样率上已超越早期经典计算机。

随着光子数N的增大，实现更大规模的玻色采样需要克服更多光子丢失、光子制备过程、光量子线路和探测等带来的错误。幸运的是，科学家一直在通过发展新的理论和实验技术努力解决这些问题。例如，2018年潘建伟团队进行了容忍光子损耗的玻色采样实验，并证明了这种新型玻色采样可以提高采样率。

一般认为，当玻色采样的光子数达到50时，便有望实现对经典计算机的超越，从而实现“量子优越性”。虽然实现量子优越性并不是光学量子计算的终极目标，但它是发展光学量子计算非常重要的一步，因此，潘建伟团队基于光学的量子计算，正在逐渐靠近展示量子计算的绝对优势这一目标。未来，通过发展高亮度、高效率单光子源和低损耗波导芯片，以及探测效率接近100%的超导探测器，他们认为有望实现通用容错量子计算机的终极梦想。

5. 不完美的钻石：金钢石色心量子计算

利用金刚石来构建量子计算机，也是非常独特的一条技术路线。近年来，中国科学技术大学的杜江峰院士（现任浙江大学校长）团队利用不完美的钻石：金刚石色心进行量子计算研究，取得了国际领先的研究进展。

何为“不完美的钻石：金刚石色心量子计算”？研究表明，金刚石约含有70种顺磁缺陷，其中最受关注的是氮－空位色心（Nitrogen-vacancy color center，简称NV），即一个氮原子替代金刚石晶格中的一个碳，

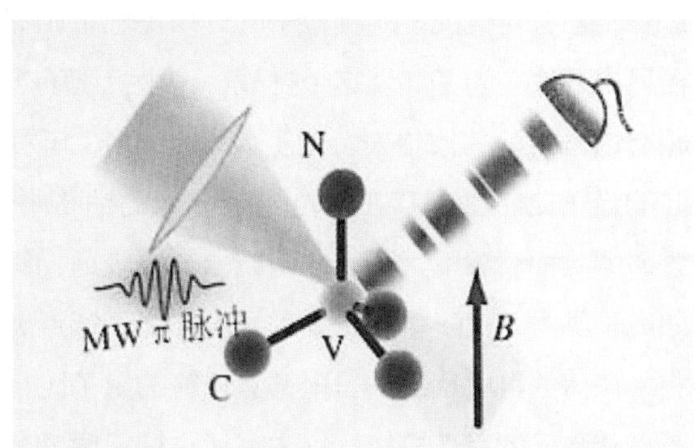

◎金刚石中氮－空位色心（NV）的原子结构，受到532nm绿光激发，其发出的红色荧光被单光子探测器材接收，荧光温度反映自旋状态，共振微波（microwave，MW）可以调控基态自旋量子态。（来自陈宇翱、潘建伟主编．量子飞跃：从量子基础到量子信息科技［M］．合肥：中国科学技术大学出版社，2019：144.）

邻近位置同时存在一个碳原子的空位（上图所示）。

根据杜江峰院士等人的研究，相对于其他固态自旋，金刚石氮－空位色心最大的特点就是室温下优异的光探测磁共振性质。通常而言，量子相干态非常脆弱，并且多存储在小尺度的量子系统上，信号十分微弱。对大多数实验体系，量子相干的维持和读出都需要低温、强场、高真空等一系列严苛的条件。而金钢石氮－空位色心几乎是独树一帜，在室温大气条件下仍然能实现自旋状态的初始化、读出、退相干操控和毫秒量级的电子自旋相干时间。自旋态读出保真度、操控保真度等已经达到了量子容错阈值，特别是单比特门的保真度达到 99.995%，是目前固态体系中的最高纪录，因此被认为是最有可能实现室温量子计算的实验体系之一。

稳固的量子相干、灵活的光学读出方法，也使其能够在宽松的温度条件、压力条件和各种不同化学环境，甚至生物活动中保持优异的表现。从纳米到微米尺度，兼容磁、电、力、热等多种物理量的精密测量，因此，在杜江峰院士等科学家眼里，它是非常理想的量子探针。

简言之，金刚石方案可以在室温下工作并且是固态的，这一定程度上让人想起了硅技术。因此，科学家认为这种方案在未来很有发展的潜力，虽然目前金刚石方案在可以设计和制造的比特数上比离子阱和超导要少。

说到金钢石中的量子比特，我们需要回顾一下金钢石色心量子计算的思想渊源。无论是加密计算，还是实现量子计算机在量子比特水平上的链接以进行分布式运算，二者对光缆中纠缠粒子的分布提出了相似的要求，而这样的纠缠粒子分布又极具挑战性。为了实现这个挑战，一个机智的想法随之而生：用钻石来解决这一问题。这是由荷兰代尔夫特理工大学于 2013 年发表的实验工作。在这个实验中，纠缠的量子比特被保存在两粒相距 3 米的钻石中。很显然，这只是为了证明一个概念，即此种情况下，即使在距离上分隔较远，纠缠也能实现。在传统的量子比特，如离子阱中的离子中，研究人员已证实了远距离纠缠的存在。

在荷兰科学家的钻石里，其存在的量子比特是基于水晶中杂质而形成的。纯钻石是碳原子的完美晶格，科学家通过把氮原子杂质与晶格间隙结合，使电子困在间隙中。基于这个电子的自旋态形成一个量子比特。然而，这是一个低效的过程，一千万次尝试只会产生一次纠缠，但人们预期这一过程的效率能显著提高。与离子阱相比，钻石量子比特的最大优势，如前所述，是它能在室温下保持相对的稳定性，而离子阱必须进行超低温冷却。钻石可以忍受更高的温度，因为晶格将量子比特保护在它的中央，不受潜在的退相干源的影响。

现已证明，量子比特会不可避免地发生衰减。但在钻石中，量子比特可通过附近的间隙进行传态，使其保持稳定长达数秒时间。这就超过了现有量子比特维持稳定性的典型时间（微秒级）。与其他量子比特技术相比，钻石更具扩展潜力。

可扩展问题是当前量子信息处理领域最重要、最受关注的问题之一，也是其目前面临的最大挑战之一。可扩展涵盖三个方面的要求：①量子比特之间要存在有效的耦合，能够实现纠缠态制备；②可寻址，即比特的初始化、操控、读出对其他比特或者单元的扰动要足够小；③可纠错，上述各个环节保真度要超过容错阈值。同时满足上述三点，才能保证大规模量子比特阵列有效运行。最后，为了保证量子加速，比特数的线性增长不能导致所需要资源的指数增加。

虽然现今“不完美的钻石：金钢石色心量子计算”的研究仍处于初级阶段，但它的价值是巨大的，它或许会在未来成为量子计算机科学家的最好朋友。这个方向上杜江峰院士团队位居世界领先地位。

大家一定有个疑虑，用钻石造的量子计算机一定非常昂贵吧！科学家告诉我们，其实不必担心，这里用的钻石只有纳米级或微米级大小，并且还可以使用人工钻石，所以成本并不高。

6. 抵抗退相干：拓扑量子计算

迄今我们讨论过的量子计算机模型，都是使用量子系统的局域自由度编码信息。由于环境对量子系统的作用是局域的，因此在量子信息存储、量子态操作中不可避免地存在着退相干问题。量子纠缠方法可以看作是在计算机软件水平上对付量子退相干。

近年来，微软的量子技术采用“拓扑量子比特”（topological qubit）进行计算，而不是普通的“逻辑量子比特”（logical qubit）。拓扑量子比特通过基本粒子的拓扑位置和拓扑运动来处理信息，无论外界如何干扰基本粒子的运动路径，从拓扑角度来看，只要它还是连续变化，两个对换位置的基本粒子都是完全等价的。也就是说，用拓扑量子比特进行计算，对于外界的干扰有极强的容错能力，这样一来基于拓扑量子比特的量子计算机就可以把规模做得很大，能力做得很强。

换言之，拓扑量子计算利用二维多体量子系统可能存在的一类特殊物质态——拓扑态，它的元激发准粒子既不是玻尔子也不是费米子，而是交换统计服从辫子群表示的空间定域准粒子——任意子。当系统中的多个任意子保持很好的空间互相分离时，系统存在一个维数随任意子数目指数增大的简并基态。利用这些简并基态的低能激发态任意子编码量子信息，信息对局域扰动引起的退相干具有天然的免疫性。量子计算需要的逻辑门操作可以由交换这些任意子进行。确定的幺正操作可以利用拖曳任意子互相缠绕进行，在操作过程中只要任意子保持空间互相分离，编织产生的幺正操作就仅仅依赖编织拓扑，而对系统的动力学过程不敏感，具有非常高的可靠性。理论已经证明，至少对于一类任意子，仅通过这样的任意子运动世界线的编织操作，就可实现通用量子计算。

任意子是定域的、行为类似粒子的相干态激发，具有不同寻常的统计性质。含有分数电荷和携带磁通是准粒子成为任意子的两个基本要素，分数电荷和磁通量子结合就是任意子。

任意子只是二维物理系统中数学上一种可能存在的物质粒子或状态，它不是简单地把普通费米子或玻色子限制到二维平面上。普通的电子、光子等即使被限制在二维平面上，它们的统计性质仍不会改变。在三维空间服从费米统计的粒子，限制到二维空间仍然是费米子。同样，服从玻色统计的玻色子，限制在二维空间仍是玻色子。任意子是二维量子系统在一定条件下新出现的物理粒子。在低温、低能情况下，多电子系统的元激发——准粒子，就具有这种统计性质。

拓扑量子计算提供了迄今为止理想的量子计算实现。尽管对于真正的物理实现，技术上存在诸多巨大的挑战，但由于它具有的这些卓越品质，使得拓扑量子计算仍具有巨大的吸引力。

拓扑学是研究几何图形拓扑性质的几何学分支。拓扑性质是指几何图形在剧烈形变下仍保持不变的性质，即拓扑变换不变。拓扑变换最直观的例子是物体或几何图形的形变。设想一个几何图形由橡皮膜做成，任意拉伸或扭曲橡皮模，但不能撕裂它，也不能使橡皮膜上两点重合。容易看出，一个三角形和一个圆形、椭圆形或任意一个单连通图形（即可连续收缩到一点而不和边界相交的图形）都可以在拓扑变换下互变。在拓扑变形下，互变或具有相同拓扑不变量的图形称为“拓扑等价图形”。因此，三维空间所有单连通区域的边界面都是拓扑等价的，平面上的单连通区域的边界线都是拓扑等价图形。

显然，几何图形的拓扑性质是图形整体的性质，与图形的局部形变没有关系。在寻找量子计算的物理实现时，如果某一量子系统存在这种属于系统整体的，与时空坐标、局域相互作用无关的性质，就称这种性质为系统的拓扑性质。换言之，在物理学中，如果一个物理系统的某一性质是属于系统整体的，当系统局部发生某种变化时，系统的这一性质不变，便称这一性质是系统的拓扑性质。比如，电子环绕不可穿透螺线管获得的相位就是电子轨道的拓扑性质，这种相位就称为“拓扑相位”。当把信息编码在系统的这些拓扑态上时，对任何局域作用（已知的引起量子系统退相干的机制，基本上都仅涉及局域作用）引起的退相干就处于被保护状态，而不必担心退相干问题。拓扑量子计算研究就是寻找具有拓扑态的量子系统，研究如何利用这些拓扑态编码量子信息，如何对这些拓扑保护态执行量子通用逻辑门操作，以及如何通过测量提取出编码态的信息，最终利用这样的系统实现容错量子计算。

大多数物理系统，不具有拓扑态，因为通常的物理系统包含有带电荷粒子，这些带电粒子间以库仑力相互作用，这种电磁作用力依赖于粒子之间的距离。当通过拉伸、挤压使系统变形时，会改变这些电磁相互作用，影响系统的能量等整体性质的改变。但是，在低能量（低温）、粒子之间距离较大（粒子稀疏分布）的特殊情况下，当两电子之间距离改变时，其他电子可以重新分布，以保持系统整体上处在能量不变的状态。在适当的情况下，这样的不变性可能导致拓扑参数不同的态具有相同的基态能量，即量子基态简并。近年来，物理研究表明，物质在低温、低能、长程力作用下的冷凝相，的确存在对局域摄动不敏感的拓扑相，这些就是提出量子拓扑计算的物理学基础。

迄今为止描述的拓扑量子计算方案可以总结如下：

（1）一个有稳定的简并基态的拓扑物理系统，支持满足非阿贝尔统计的准粒子激发，基态和激发态之间存在能隙。计算由这个基态激发出 n 对准粒子开始，利用这些准粒子的高维简并拓扑态空间，编码量子信息受系统激发谱中能隙存在和系统拓扑性质保护，小的摄动不含通过系统的激发引进错误，计算基态之间的差别仅是总的拓扑性质。实现量子信息无退相干地存储。

（2）绝热地拖曳任意子产生准粒子交换，通过粒子运动在三维时空中形成世界线编织，执行计算需要的幺正变换，一般不再需要另外的纠错技术。

（3）执行拓扑态测量，提取出计算结果信息（测量任意子系统拓扑荷也是初始化系统的方法）。拓扑量子计算的这些步骤，现在也称为拓扑量子计算的“标准”方案。

最近几年，为了简化拓扑量子计算方案，以利于物理实现，人们又从不同角度对标准方案提出改进。实现拓扑量子计算，首先要找到一个物理系统，该系统要支持任意子激发。在拓扑量子计算中，信息编码在空间分离开的任意子拓扑态上，需要在系统已知位置上产生指定数目的准粒子激发，初始化拓扑量子计算。计算需要拖曳任意子运动进行，如何驱动任意子执行需要的编织，还需要更多理论上的创新方案，特别是实验验证。

总之，拓扑量子计算也是近年来研制量子计算机的一个方向。关于拓扑量子计算，虽然理论上它能极大地降低量子信息存储和运算操作出错，从根本上解决困惑量子计算机退相干问题，但真正实现它，无论在理论上还是实验上都需要做出极大的努力，如果能最终实现的话，前面还有很长的路要走，还需要研究者们付出更多的努力。微软在 2018 年宣布，争取在五年内造出第一台拥有 100 个拓扑量子比特的量子计算机，并且将其整合到 Azure 云业务当中。

近年来，中国在拓扑量子计算方面也开始发力。2017 年 12 月 1 日，中国科学院拓扑量子计算卓越创新中心在中国科学院大学启动筹建，国科大卡弗里理论科学研究所所长张富春任中心负责人。未来几年可能是中国拓扑量子计算的高速发展期。

7. 量子退火：D-Wave 量子计算机

D-Wave 量子计算机，是由总部位于加拿大的 D-Wave Systems 研制的。这一研究团队充分利用超导系统良好的可扩展性，致力于量子计算机的研发和探索。2011 年 5 月 11 日正式发布了全球第一款商用型量子计算机“D-Wave One”。该机器采用了 128 个量子比特处理器，理论运算速度已远远超越现有任何超级电子计算机。

不过严格来讲，这还算不上真正意义上的通用量子计算机，只是借助于一些量子力学方法解决特殊问题的机器。D-Wave 的系统仍然是模拟量子计算系统，通用任务方面还远不是传统硅处理器的对手，而且编程方面也需要重新学习。此外，为尽可能降低量子比特的能级，需要利用低温超导状态下的铌产生量子比特，这就使得 D-Wave 的工作温度需要保持在绝对零度附近（20mK）。

2017 年 1 月，D-Wave 公司推出 D-Wave 2000Q。这个新系统已经具有 2000 个量子比特，可以用于求解最优化、网络安全、机器学习和采样等问题。对于测试一些基准问题，如最优化问题和基于机器学习的采样问题，D-Wave 2000Q 胜过当前高度专业化的算法 100010000 倍。

早在 2007 年，加拿大 D-Wave 系统公司就公布，他们拥有一台量子计算机。

事实上，D-Wave 计算机的确是量子技术的产物，但它是否采用了某种特别的方法尚待确定。如果它采用了某种特别的方法，这一方法应与传统量子计算的方法存在很大差异。

D-Wave 计算机的特别方法将带来一处规模效益，让人类在量子领域的所有努力变得富有价值。D-Wave 计算机是一种“绝热量子计算机”。这意味着它采用的不是某种我们已讨论过的量子逻辑门。在这一计算机的设定中，量子比特将利用一种被称为“量子退火”的过程进行计算。

量子退火，指量子比特会尝试达到自己的最低能态。这样的过程对计算的实现方式提出了高要求。D-Wave 计算机采用的方式是，在量子比特达到最低能态时，提供计算所需的答案。这类似于我们寻找一种景观的最低点时，首先需要通过概览以了解地形全貌，之后在某个选定的区域中寻找出最低点。

在量子隧穿效应中，当通过能量峰时，量子会出现一类随机游动的现象。故能量峰可用作筛选器以寻找更低能态的量子比特，并最终发现具有最小能态的量子比特。选用这种方法的一切算法都存在一个缺陷，计算结果可能终结于某个错误的最小值。这是那些编写绝热量子计算机算法的人必须知道的。不过，在原则上，这一方法的确为寻找量子计算的算法提供了一把钥匙。

2006 年，这种计算机的第一台实验性的版本出现了，并取得了一次初期的胜利。它通过“分解 143 的因子”击败了“分解 15 的因子”的把戏。而实现这一过程，这台量子计算机只使用了 4 个量子比特。这一过程并未使用快速的“Shor 算法”，而是采用了特殊的“绝热”算法，这一算法帮助计算机系统自然地得出了大数的因子。在生成因子这一计算过程中，“Shor 算法”比任何传统的方法更快捷。

但当下的情况是，还没有证据证明“绝热”算法比“Shor 算法”更快捷。但有人声称，在运行特定软件时，D-Wave 计算机比传统计算机快 3600 倍。虽然这一描述是真实的，但它指的是把耗资 1000 万美元的 D-Wave 计算机跟传统计算机进行比较，且运行的是为特定目的设计的，经过特殊算法调试的软件。这样的比较，并不能证明 D-Wave 计算机存在优势。

最新版本的 D-Wave 计算机有 503 个量子比特，由谷歌购买，安装在美国国家宇航局艾姆斯研究中心。当然，它比早期的测试机成熟多了，它看起来与商用计算机已非常相似。也有人对它存在质疑：绝热计算过程能否带来量子计算的真正优点。

到目前为止，D-Wave 计算机发展中的最大成功在于“生成图像识别”算法。对于像谷歌这样的搜索引擎来说，它具有巨大的价值。但同样的，在达成这个目的上，并没有证据能证明 D-Wave 计算机比传统计算机更快。但有一点可以肯定，D-Wave 计算机并非通用的量子计算机[①]，而是一种非常专业的设备，只能运行一些有限的算法，如用绝热量子算法来寻找基态。

目前全世界范围内有超过 3 台 D-Wave 量子计算机在大型研究所或企业投入运转和应用。还有许多企业虽然还没有购买，但也正在通过计时付费的形式进行测试。在投资领域，据说 D-Wave 量子计算机已经被用来构建投资组合，应该是通过云端使用的。

二、量子计算云平台

量子比特极其脆弱，很容易受到外界环境的破坏，因此量子计算机对工作环境的要求是苛刻的。例如，超导比特就需要工作在约 10 毫开[②]的稀释制冷机中，就算量子计算机发展到足够成熟的地步，恐怕也很难像经典计算机一样人手一台。主要是由于量子系统目前需要在极端条件下运行，如超高真空、超低温度、超低振动等，整机造价高昂，且维护成本极高，个人用户难以承担。一个可行的方案是把量子计算机放在云端，使普遍民众通过现有的网络来使用量子计算机，由此诞生出一个新的概念——量子计算云平台。

量子计算云平台是近年来发展起来的普通用户与量子计算机的交互接口。用户可以在用户界面创建量子线路，并在量子计算机上运行自己的量子线路，以此来体

① 通用型量子计算机指的是利用量子逻辑门控制量子比特来做量子计算，它可以看作是数字化的量子计算机。理论上证明通过受控非门（CNOT Gate）的各种组合就可以实现任意的量子逻辑过程。未来实用化的量子计算机一般都指通用型量子计算机。但是通用型量子计算机需要大量的量子比特和量子逻辑门，对物理系统的可扩展性要求很高（这也是超导电路方案在通用型中胜出的原因）。同时由于量子比特必须经过逻辑门幺正演化，某种程度上量子叠加态的威力也打了折扣。专用型量子计算机可以不需要逻辑门，只靠自身系统的特点来通过模拟的方式有针对性地解决问题，因此专用型量子计算机也称为“量子模拟机”（Quantum Emulator）。

② 开是开尔文，温度单位，1000 毫开等于 1 开，10 毫开等于 0.01 开，0 开约等于 -273.15 摄氏度。

验量子计算机的神奇功能。即通过依托现有经典网络的量子计算云平台访问远程量子计算机，是用户获取量子计算能力的有效途径。

量子云平台可以通过任务调度、资源分配等功能，合理有效地分配量子资源到各个用户，把运行成本分摊。量子计算云平台的整体架构主要包含以下几个方面。第一，量子计算基础设施服务。除了量子硬件，也需要高性能量子模拟器作为快速验证量子算法的重要工具。第二，量子计算平台的软件架构，包括量子编程语言和应用算法库等。量子编程语言是用户搭建量子线路的上层工具，用户通过量子编程语言，可以调度底层的量子资源来执行量子算法。第三，量子计算行业应用服务。行业应用服务是利用具有优势的量子算法来解决特定行业的问题，主流方向包括量子化学模拟、材料设计、组合优化问题的求解等。在未来，基于量子云平台的行业应用服务将会进一步促进量子计算的实际应用与落地，以及量子软件生态的开放和发展。

第一个量子计算云平台是由 IBM 公司创建的。随着量子计算越来越受到关注，国外很多机构都开始做类似的工作，如开发量子编辑语言、设计能让量子计算更直观展示的界面等。在量子计算的大潮席卷下，国内也出现了量子计算云平台，最具代表性的有合肥本源量子计算科技有限公司、阿里巴巴集团以及清华大学分别推出的量子计算云平台。下图为本源量子计算云服务平台界面。

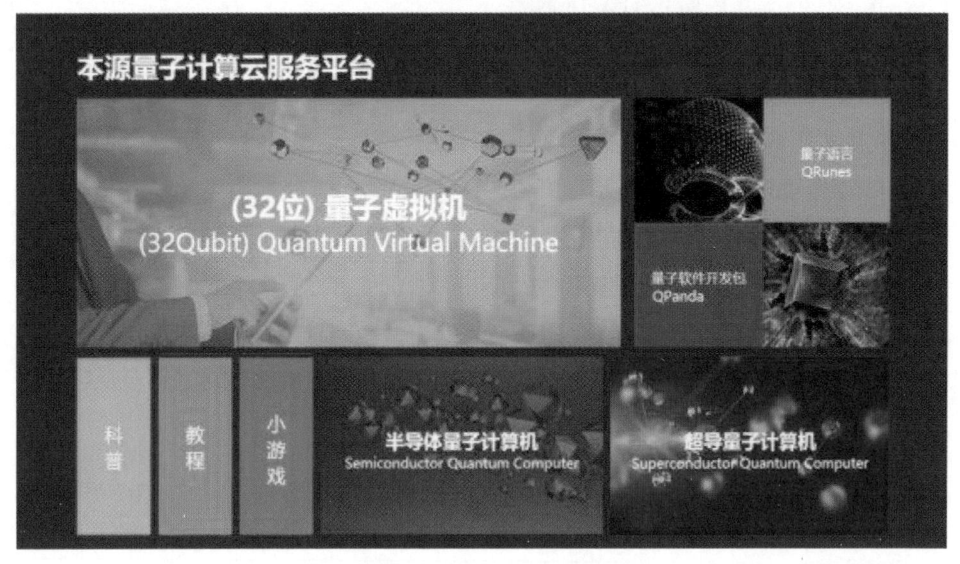

本源量子计算云服务平台界面

从这个界面我们可以了解到这个云平台的功能。首先，本源量子计算云平台支持 32 位的量子虚拟机。所谓“量子虚拟机”，就是用经典计算机来模拟仿真量子计算机，本质上使用矩阵乘法来实现量子逻辑门的功能，从而完成量子计算。本源量子计算科技有限公司也开发了自己的量子语言 QRunes 和量子软件开发包 QPanda，能使用户更方便地编写复杂的量子程序。为了帮助用户了解量子计算，本源量子云平台还设置了一些量子计算的科普知识和基础教程，以及加深理解的量子小游戏。本源量子计算云服务平台支持两种量子芯片架构——半导体量子计算机和超导量子计算机。

目前来看，量子计算云平台功能还比较基础，主要是为用户提供一些科普演示和为量子计算领域的研究提供一个测试平台。随着量子计算机的发展，量子计算云平台也会进一步发展，从而具备一些实用功能，为未来科研和生活提供帮助。

总体来说，量子计算的应用潜力巨大，对基础科学、材料研究、生物医疗等领域会产生巨大的影响。对于近期可实现的有噪声中等规模的量子计算应用，其在量子化学模拟等领域可以展现算力优势。而通用量子计算机作为经典计算机的“超集”，对于某些经典算法难以处理的问题可以实现非常大的加速，并且在资源、能源的消耗上也具有极大的优势。这是量子计算追求的终极目标。

四、量子计算机实现的未来展望

量子计算机的研制在过去的十几年间的进展是巨大的，一些公司已经制造出接近 100 量子比特的原型机，这项工作既需要物理实验，也需要工程技术。因为在工程学角度，如果要建立一个超导量子计算机，需要非常多的电子学工程师来协助你，所以工程技术也扮演着重要角色。当工业界开始介入这个领域，当越来越多的国家开始投入研究经费到量子计算中，当非常多顶尖的 IT 公司启动了量子计算项目时，这个领域就会充满希望。可以确定，这个领域即将会有丰硕的成果产出。但是我们也必须沉下心来，意识到建造一个实用的量子计算机即使到了最后时刻，它也可能还有一段非常冗长困难的距离。

现在，量子计算机研制已从高校、研究所为主发展为以公司为主力，从实验室的研究迈进到企业的实用器件研制。根据中国科学技术大学郭光灿院士的分析[①]，量子计算机将经历三个发展阶段：

（1）量子计算机原型机。原型机的比特数较少，信息功能不强，应用有限，但“五脏俱全”，是地地道道的按照量子力学规律运行的量子处理器。IBM Q System One 就是这类量子计算机原型机。

（2）“量子霸权”。量子比特数在 50100 个左右，其运算能力超过任何经典电子计算机。但未采用“纠错容错”技术来确保其量子相干性，因此只能处理在其相干时间内能完成的特定问题，故又称为“专用量子计算机”（specific-purpose quantum computer）。这种机器实质上是中等规模带噪声量子计算机。“九章”就是这样一台专用的量子计算机，只能执行某种特定任务。费曼提出用量子体系模拟量子体系，说的正是这种专用的量子计算机。

应当指出，“量子霸权”实际上是指在某些特定的问题上量子计算机的计算能力超越了任何经典计算机。这些特定问题的计算复杂度经过严格的数学论证，在经典计算机上是指数增长或超指数增长，而在量子计算机上是多项式增长，因此体现了量子计算的优越性。

目前采用的特定问题是量子随机线路的问题或玻色取样问题。这些问题仅是玩具模型，并未发现它们的实际应用。因此，尽管量子计算机已迈入“量子霸权”阶段，但在中等规模带噪声量子计算（NISQ）时代面临的核心问题是探索这种专门机的实际用途，并进一步体现量子计算的优越性。

（3）通用量子计算机（general-purpose quantum computer/universal quantum computer）。这是量子计算机研制的终极目标，用来解决任何可解的问题，可编程、能执行任意任务，可在各个领域获得广泛应用。通用量子计算机的实现必须满足两个基本条件：一是可以编码的量子比特数要达到几万到几百万量级；二是应采用“纠错容错”技术，能够有效地控制外界，使量子比特与环境有很好的隔离，防止量子比特系统很快退相干，失去量子特性。鉴于人类对量子世界操控能力还相当不成熟，因此最终研制成功通用量子计算机还有相当长的路要走。

总之，目前，通用量子计算机还没有实现，实现的都是一些专用量子计算机，即一些可以用于小规模量子计算的物理系统，能实现对数十个量子比特的控制操

---

① 郭光灿．颠覆：迎接第二次量子革命［M］．北京：科学出版社，2022：225.

作，如超导量子比特系统、光量子比特系统。它们能解决一些有实际价值的重大问题。

超导量子比特系统作为固态系统有较好的可集成性，但容易受到外界环境干扰，退相干问题严重。要使量子设备无忧地运行，推迟退相干发生的时间是首先要解决的事情。然而，在早期的量子计算机中，退相干发生的时间是以百万分之一秒计算的。虽然量子计算机的运算很快，但它们主要承担大型任务的计算，这些任务的计算所需的时间通常低于毫秒级。如今，出现了一个有潜力克服退相干的装置。有人给它起了一个有趣的名字——“热土豆”。在这个装置中，任意一个量子比特只会被使用很短的一个时间，随后其属性会通过传态的方式传递给另一个量子粒子。不过，计算机的尺寸越大，退相干问题也会越严重。

虽然困难重重，但是物理学家在保持这些量子比特的叠加态上却越做越好。纠缠的过程促使量子比特相互作用，这一过程也是量子计算强大能力的根本来源。大多数研究人员认为，解决量子计算机发展过程中的缺陷，只是时间问题。然而，在现实中，避免退相干发生，保持量子比特纠缠，仍然非常困难。因此，小部分人认为，用现有的方法将无法构建出一个可以正常使用的量子计算机。

从目前量子计算机的发展脉络来看，实现量子计算机的各种体系先后相继，有的量子计算实现方式现在已经让其他方式望尘莫及，有的量子计算实现方式还有关键技术亟待突破，也有的量子计算实现方式正在萌芽之中。就像群雄逐鹿中原，鹿死谁手，尚未可知。

有观点认为，未来量子计算机的实现可能是多种途径混合的，比如利用半导体量子比特的长相干时间做量子存储，超导量子比特的高保真操控和快速读出做计算等等；也有观点认为，根据不同的量子计算途径，可能使用不同的量子计算方法，就像 CPU 更适合任务多而数据少的日常处理，而 GPU 更适合图像处理这种单一任务但数据量大的处理。

无论未来的量子计算发展情况如何，中国在各个量子计算方式上都在积极进行探索性研究，并在一些领域取得了突破性进展。随着中国量子研究团队的自主创新能力增强和国家对量子科技研发的进一步投入，相信未来在量子计算的实现方面，中国可以领先于世界其他国家，实现弯道超车。

第七章

人工智能量子芯：人工智能的新时代

RENGONG ZHINENG LIANGZIXIN
RENGONG ZHINENG DE XINSHIDAI

近年来，人工智能迅速发展，不仅在象棋和围棋领域击败人类冠军，而且逐渐被应用到社会生产和生活的诸多领域。最近火爆全网的 ChatGPT（全名：Chat Generative Pre-trained Transformer），其强大的功能让人们几多欢喜几多忧。

ChatGPT 是美国人工智能研究实验室 OpenAI 新推出的一种人工智能技术驱动的自然语言处理工具，使用了 Transformer 神经网络架构，也是 GPT-3.5 架构，这是一种用于处理序列数据的模型，拥有语言理解和文本生成能力，尤其是它会通过连接大量的语料库来训练模型，这些语料库包含了真实世界中的对话，使得 ChatGPT 具备上知天文下知地理，还能根据聊天的上下文进行互动的能力，做到与真正人类几乎无异的聊天场景式交流。ChatGPT 不单是聊天机器人，还能进行撰写邮件、视频脚本、文案、翻译、代码、写论文等任务，大有取代人类诸多种工作的态势。这不禁让人们陷入了深思。我们对人工智能的未来发展应该持乐观还是悲观态度？

特别说来，随着量子计算的发展、专用量子计算机的问世，并且开始了商业化的销售，曾被认为遥遥无期的量子计算机在过去完全不相干的人工智能领域的应用也取得了进一步发展，现在随着 ChatGPT 的到来，人们不禁会问，在未来，机器人能否像人类一样做出判断，并拥有超越人类的能力？人工智能会不会夺走人类的饭碗？量子计算机和人工智能到底有什么关系？量子人工智能的发展对人类意味着什么？

一、人工智能的发展及瓶颈

人工智能是指可以像人类一样学习并做出判断的计算机程序，现在已经逐渐融入我们的日常生活中。比如，高德地图等用来搜索从家到目的地路线的 App，电商网站根据你上次的购物向你推送关联商品的推荐服务等，都可以称为广义的人工智能。今后，人类觉得单调费力、危险、高成本的工作等，都可能被人工智能所取代。特别是，随着人工智能的发展，一些人工智能在处理某个特定任务上的能力远远超过人类，这必将成为人类关注的焦点。

阿尔法狗（AlphaGo）就是这类人工智能的代表。2016 年，谷歌旗下的 DeepMind 公司开发的这一围棋程序以 4 胜 1 败的成绩，击败了世界围棋顶级高手李世石。能够战胜人类顶级棋手的人工智能是如何实现的？为了解答这个问题，我们需要回顾一下人工智能的发展史。

人工智能的发展最早源于图灵在 1950 年的测试：假定一台机器能在 5 分钟内接受人们一系列询问，让 30% 以上的人不能分辨这是人还是机器在回答，那么就可以认为机器具有了人的智能。1956 年，当时在美国达特茅斯大学参加会议的研究者最先开始使用“人工智能”（Artificial Intelligence，简称 AI）一词。

在二十世纪六十年代出现了第一次人工智能研发热潮。这一时期的人工智能可以在特定条件下与人类互动，出现了机器学习、神经网络、遗传算法等现在常用的基本模型，而且伴随着计算机从最初的电子管到晶体管的进展，诸如国际象棋程序、学生求解应用程序，Elisa 聊天机器人等应用陆续出现。然而，现实问题要复杂得多，当时的技术还远远无法胜任。因此，到了二十世纪七十年代，人工智能陷入第一次危机，面临着计算机性能不足、数据量严重缺失等技术瓶颈。

二十世纪八十年代，一类“专家系统”程序为人工智能掀起了第二次发展高潮。“专家系统”程序依据专业知识推演出的“if-then”逻辑规则，能在特定领域回答问题。因此这一时期，向计算机输入大量知识，使其模仿专家的决断过程的人工智能备受关注。比如，医疗领域出现了通过向患者提问，由计算机代替医生看病的系统。这种方式在某些领域看似行得通，但由于很难将专家所掌握的全部知识悉数用语言记述下来并灌输给计算机，再加上 1987 年美国金融危机等外因，这次热潮最终也渐渐冷却下来。

第三次热潮是由以计算机的硬件发展和大数据的出现为基础的机器学习，特别是深度学习引发的。机器学习是指程序根据输入（即数据）自动进行学习，从而掌握识别和预测能力的功能。深度学习指利用多层构造的“神经网络”的机器学习。利用多层构造的复杂性，深度学习能够巧妙地掌握各种情况，完成复杂任务。比如，图像识别领域可以用计算机读取图像数据，通过机器学习让计算机做出“这是兔子”或“这是乌龟”的判断。过去，人们必须将“全身毛茸茸的是兔子”“有壳的是乌龟”等兔子和乌龟的特征全部详细地教给计算机。而通过现在的机器学习和深度学习技术，人类不必输入这些详细信息，计算机也能从大量的图像实例中自动学到兔子和乌龟的特征。采用这种方法，高速计算机根据大量数据不断学习，大大提升了图像识别的准确率。

AlphaGo 之所以强大，就是因为它将已在图像识别领域取得显著效果的深度学习方法用于围棋。人们无需将棋盘上的局势判断及其标准等全部输入计算机，根据计算机之间多次博弈所积累的庞大数据，计算机便能够自动构建战术，最终战胜人类。

机器学习大致可分为两类：监督学习和无监督学习。监督学习需要通过例题及答案组合的形式，针对大量的输入数据，向系统提示需要输出的其所代表的名称、属性和数值等。通过不断学习，系统便能够准确地表示出输入和输出的关系。这种方式就好比是拼命学习老师给出的例题和答案。识别出对象图形是猫还是狗的机器学习就是有监督学习。而无监督学习则不用老师提示正确答案，只根据输入的数据，计算机便能自动输入数据的构造和特征。就像人类在看到某个图像时能察觉到这张图像与另一张图像相似一样，人工智能机器（计算机）也能根据一定标准，区分出相似的图像或不相似的图像。这种分类便是无监督学习中聚类。这一过程也可以用组合优化问题来表示。

除了图像之外，聚类还可以用来进行文本分析。以新闻网站上的报道为例。报道可以分为政治、经济、演艺、体育等各种类别，人们在阅读报道时，能够根据自己对内容的理解大致判断出它属于哪一类话题。要让计算机进行同样的工作，最基本的判别方法是对报道中出现的词加以比较，如果相似的词较多，就属于同一类话题；如果词的相似度较低，就属于不同的话题。聚类可以通过这种方法将新闻报道划分到不同的话题分类中。

机器学习中应用的神经网络是一种借鉴了人类大脑神经细胞网络的信息处理系统。大脑内部有几百亿个神经细胞，每个神经细胞都通过长长的突起（轴突）与其他神经细胞相连。电流信号经由轴突传导至其他神经细胞，收到信号的神经细胞在满足条件时便会将信号传递给下一个细胞。神经网络系统以此为模型，每个神经细胞会收到多个神经细胞传递来的信号，并在对这些信号设置权重后，将其传递给下一个细胞。神经细胞彼此相连的状态与量子比特的连接状态相似。神经网络给信号设置的权重也与量子比特之间的相互作用颇为相似。

目前，机器学习作为人工智能的一个重要分支，已经影响到了科技、社会及人类生活的各个方面。无论是自然语言处理技术，还是生物特征识别技术、数据挖掘技术，以及医疗诊断辅助技术，甚至智力竞技游戏和自动驾驶技术等的开发和进步都与机器学习密切相关。但是，随着信息技术的不断发展，产生数据呈爆炸式增长，加之科学研究和商业领域对高精度的要求，计算资源日益成为机器学习发展的一个瓶颈。量子计算由于具备经典计算没有的并行计算特性，有望提供更强大的计算能力，近年来受到国内外的高度重视。

二、量子人工智能：人工智能携手量子计算

量子计算的基本思想是利用量子力学的规律来处理问题、处理信息，遵循这样的思维导向可以轻易了解到量子计算的优势所在。在传统的经典计算机中，每当输入对应数量的信息，计算机就会相应地输出对应的数据。但是，将量子力学应用于计算机硬件设备中并且输入信息，就不仅仅是有序提供一些输入和读出数据那么简单，利用量子叠加态定律可实现一键式处理多个输入的强并行性；与传统的程序相比，这是一个指数量级的加速和飞跃。除了理论意义上的计算速度的增长，量子计算还具有在不同领域发挥作用的现实可能性。人工智能正是利用量子计算的这一优势，运用人工智能量子芯，开创人工智能新时代。

1. 量子计算赋能机器学习

在人工智能方面，量子计算能有效提高机器学习的深度和速度，突破人工智能发展的瓶颈。量子机器学习可以帮助人工智能以类似人类的方式，更有效地执行复杂的任务。例如，使人形机器人能够在不可预知的情况下实时做出优化决策。在量子计算机上训练人工智能可以提高计算机视觉识别、模式识别、语音识别、机器翻译等性能。

事实上，人工智能的研发离不开机器学习技术，而机器学习过程中包含很多组合优化问题，例如评估不同特征的重要程度的变量选择、判断如何对数据进行分类的聚类分析等。就现状而言，组合优化问题的求解非常耗时，大多数情况下只能转而选择在某种程度上做出妥协的解决方法。正因为如此，人们才期待能借助量子计算机开发出性能超出以往且能做出更接近人类判断的人工智能。此外，作为机器学习的方式，在深度学习时必不可少的采样过程中，量子计算机可能发挥的作用最近也迅速受到关注。除了作为“解决组合优化问题的专业设备”，量子计算机还逐步展现出其他方面的功能。

概而言之，对机器学习这一实现人工智能的软件技术来说，量子计算机是推动其进一步发展的最佳下一代硬件候选。量子人工智能是将经典数据集编码到量子计算中，然后通过量子计算机进行处理，如果这个过程能够利用量子比特的叠加性，就可以实现对机器学习的加速。目前可能用于加速机器学习的算法包括 HHL 算

法、格罗夫算法、量子增加机器学习算法、量子采样算法、量子神经网络和量子隐马尔科夫模型等。

2017 年，美国国家航空航天局（NASA）利用量子机器学习算法训练了一台量子退火机①，并使其成功地识别了低像素的手写阿拉伯数字。2018 年，美国里盖蒂（Rigetti）公司用一台 19 比特量子计算机演示了机器学习。由于机器学习在人脸识别、语音翻译和无人驾驶领域应用广泛，能够实现指数级加速的量子机器学习，因而被寄予厚望。

量子机器学习是传统机器学习与量子计算科学相结合的产物，具有很强的交叉性，是一个重要且新兴的研究方向。图灵奖获得者，中国科学院院士姚斯智在 2018 年世界人工智能大会主题演讲中指出，通过量子计算与人工智能的结合，人类或许真的有机会“理解”自然。

算法、数据和硬件计算能力是机器学习快速发展的三大要素，而量子计算有提供远超传统计算机的计算能力。因此，机器学习与量子计算的结合正在成为一个飞速发展的研究方向。实际上，从经典 – 量子二元概念出发，可将机器学习问题按照数据和算法类型分为四类。利用传统机器学习算法处理经典数据即为传统机器学习算法，包括监督学习、无监督学习、强化学习三大类。利用传统机器学习算法处理量子问题的相关研究属于另一大类。例如，将机器学习算法应用于量子力学系统的优化控制、探索量子多体物理系统等。

利用量子算法处理经典问题，称为“量子增强机器学习”，是一个新兴的研究方向，近年来日益受到关注。1994 年，波兰物理学家马切伊·莱文施泰因（Maciej Lewenstein）最初提出量子感知机。1995 年，美国计算机科学家布哈什 · 卡克（Subhash Kak）将量子计算的思想应用于传统神经网络中，提出量子神经网络计算的概念。随后，很多科学家设计了各种不同类型的量子神经网络模型。2009 年，美国阿拉姆 · 哈罗（Aram Harrow）等人提出求解线性方程的 HHL 算法，在特定条件下实现了算法指数加速效果。由于线性系统是很多科学和工程领域的核心，在很多场景具有广泛的应用，随后涌现了很多相关的机器学习研究。2019 年，IBM 公司在《自然》杂志上发表论文，提出了新的量子算法，能够在量子计算机

① 关于量子退火机的说明参见《量子计算机简史》（[日] 西森秀稔、大关真之著，四川人民出版社，2020 年，第 52—60 页）。

上支持先进的机器学习。该论文展示了量子计算有望在机器学习中发挥关键的作用，包括访问更多计算复杂的特征空间等。

总之，随着人工智能和量子计算机的发展，是否有机会将量子计算和人工智能结合起来，利用量子算法来理解或创造量子人工智能，是人工智能研发人员现在面临的一大重要任务。如果我们可以做到，那我们就可以成功建造出自然界原本不存在的人工智能量子系统。现在科学家并不完全清楚“什么时候能够实现”，也许我们需要仰望星空来获取灵感，来帮助我们保持谦虚，并不断地提高自己。

2. 量子计算成为和平时代的核武器

人工智能使用计算机系统模拟人脑的运转，并将科学和逻辑流程结合在一起。量子人工智能可以将经典芯片和量子计算混合。经典加量子的混合计算方案，可以用来解决实际的人工智能问题。将人工智能用于芯片设计，就是用芯片研发出更好的芯片，即实现芯片的自我进化。

谷歌团队在 2020 年 ISSCC 大会上透露，正在把自家的 TPU 芯片用在集成电路设计中，比如电路布局这个环节。最新的结果是 AI 仅用 6 个小时就完成了以往需要几周才能完成的工作量，而且还做得更好，减少了布线数量，提高了面积使用率。在未来，基于经典芯片的人工智能 EDA 软件，或者是经典加量子混合计算的人工智能 EDA 都会逐步成熟，给芯片技术带来前所未有的推动。

一些专家认为，量子人工智能，作为由量子计算和人工智能交叉发展起来的新兴学科和技术，其强大的计算能力和深度学习能力将无人能企及，随着技术的成熟，量子人工智能极有可能在某些方面超越人类，堪比和平时代的核武器。AlphaGo 战胜顶级围棋选手只是冰山一角，谷歌开发出的量子计算机只用 3 分 20 秒就完成经典计算机 1 万年才能算出的东西。虽说这些新闻里有时候有些噱头成分，比如谷歌很快就被 IBM 指出，经典计算机用优化算法只要两天半，根本不需要 1 万年，而且谷歌计算 20 层复杂层数的保真度只有 0.3%，还有巨大的进步空间。不过，人们仍然能感觉到新兴技术已经向我们走来，并且将给生活带来令人期待的改变。

事实上，确有科学家宣称：“量子计算的意义不亚于核武器……一旦有些国家有了量子计算机，而另一些国家却没有，当战争爆发时，这就犹如一个瞎子和一个睁眼的人在打架一样，对方可以把你的东西看得清清楚楚，而你却什么都看不到。”

因此，对量子计算的相关研究及量子计算机包括量子人工智能的具体研制已成为世界科学领域最闪亮的“明珠”之一。例如，美国国防部对此就给予了高度重视，国防部高级研究计划署专门制订了名为“量子信息科学和技术发展规划”的研究计划，其对外公开宣称的目标是，若干年内要在核磁共振量子计算、中性原子量子计算、谐振子量子电子动态计算、光量子计算及固态量子计算领域取得研究进展。

总之，量子计算和人工智能两个领域的结合，将会是未来的重大时刻。一方面，人工智能机器学习技术可以用于解决量子信息难题，可以帮助量子物理学家去处理很多复杂的量子物理数据分析，比如机器学习识别相变、神经网络实现量子态的分类等。

在图像识别领域，深度学习是这一技术的核心部分。比如向计算机输入大量猫的图像，通过深度学习，计算机就能自动提炼出猫的特征。这样一样，计算机便能判断出某一图形是不是猫，还可以输出样本图像告诉我们猫是这个样子的。

另一方面，目前同样广受关注的方向，就是如何运用量子计算技术去推动人工智能的发展。量子计算科学家研究了很多可以基于量子计算机的算法，往往可以把原本计算复杂度为 NP（非确定的多项式）或更高的问题转化为多项式复杂度，实现平方甚至指数级的加速。

三、量子人工智能的应用场景

量子计算机用于人工智能，能极大地提升人工智能的效率，拓展应用场景，解决许多种问题。

（一）大数据检索。在当前的大数据和人工智能时代，量子计算可以解决海量的数据检索问题，以及当前令人束手无策的物流优化问题，实现成本节省和减少碳排放等。在海量信息充斥的庞杂的时代，强大的数据分析和梳理工具无疑对人们的生活和工作有着很大帮助。量子计算无疑是人工智能的革命性算力。

（二）量子模拟。用量子计算机确实可以模拟许多量子系统。现在尤其是可以利用量子计算机去模拟特定的量子系统，从而可以在许多问题上取得进展，比如新材料的开发、新药物的研制等。在量子模拟方面，特别是生化制药中，量子模拟有望利用相应的量子算法在更长的时间范围内准确地进行分子模拟，从而实现当前技术水平无法做到的精确建模，这有助于加速寻找能够挽救生命的新型药物，并显著地缩短药物的开发周期。

量子计算机可以帮助加快对比不同药物对一系列疾病的相互作用和影响的过程，来确定最佳药物。此外，量子计算还可以带来真正的个性化医疗，利用基因组学的先进技术为每个病人量身定制治疗计划；基因组测序产生了大量的数据，整条DNA 链的表达需要强大的计算能力和存储容量。一些公司正在迅速减少人类基因组测序所需的成本和资源。从理论上讲，量子计算机将使基因组测序更加高效、更容易在全球范围内扩展。

利用量子计算机，还能够分析全世界范围内的 DNA 数据模式，以便在更深层次上了解基因组成，并有可能发现以前未知的疾病模式。

医疗、体育等领域的应用前景

在医疗领域，运用人工智能进行图像识别的技术也不断取得进展。人工智能可以与电子计算机断层扫描（CT）或磁共振成像（MRI）等图像诊断设备组合起来，用于查找肿瘤等患病部位。医学图像被不断地保存在医院内部的存储装置中，越积越多。假如所有图像都需要由专业医生进行诊断，那么医生为每位病人查看图像数据的时间就会十分有限。事实上，医生没有足够的时间细看所有图像，所以只能挑他们感兴趣的领域或诊断所需部分查看。

如果能设计出一套系统，让人工智能学习经验丰富的医生的知识，并持续监控不断累积的图像数据，发现病变就即时发出提醒会怎么样呢？那么，通过人工智能与专业医生的配合，就有可能让诊断变得更加细致和深入。如果汇集全国数据加以学习，再通过人工智能系统反馈给各个医院，那么患者无论身处何地都能接受相同质量的诊断便不再是梦想了。

人工智能的发展可以在很多领域将人工作业交由计算机处理。也有很多人对此感到抵触，担心自己可能会失去工作，或者担心计算机出错导致不可挽回的结果等。即使是医疗等需要人与人当面交流的领域，如 CT、磁共振成像等图像诊断技术，人工智能也可以发挥辅助效果。例如，如果由医生或护士询问饮酒或吸烟的频率，可能有些患者并不愿意如实作答，此时就可以由人工智能大显身手。随身携带的感应器可以自动收集饮酒、吸烟等相关的生活数据，由人工智能根据这些数据进行诊断，便有可以提供更精准的健康指导。服药管理也可以根据每个人的情况分别定制，患者的症状和状态、药物的使用情况等可以作为组合优化问题来求解。根据传感器中积累的数据，系统还可以自动学习各种药物的疗效。这些成果还可以立即反馈到对其他患者的服药管理中。

（三）金融服务。金融分析师工作中通常依赖由市场和投资组合表现的概率和假设组成的算法。量子计算可以帮助消除数据盲点，防止毫无根据的金融假设造成损失。具体来说，量子计算影响金融服务行业的方式是解决复杂的优化问题，如投资组合风险优化和欺诈检测。量子计算可以更好地确定有吸引力的投资组合，因为有成千上万的资产具有相互关联的依赖性，并且可以更有效地识别关键的欺诈模式。

（四）现代农业。量子计算机可以更有效地制造肥料。几乎所有的肥料都是由氨制成，提高生产氨或替代物的能力则意味着更便宜、更低能耗的肥料。高质量的肥料将有利于环境，并有助于养活地球上不断增长的人口。但由于催化剂组合数量是无限的，所以在改进改造或替代氨的工艺方面进展甚微。

从本质上讲，如果没有 1900 年代被称为“哈伯布斯奇流程”（Haber–Bosch Process）[①] 的工艺技术，则无法人工模拟这一过程，因为它需要极高的热量和压力将氮、氢和铁转化成氨。如果用今天的超级计算机进行数字化测试，找出合适的催化剂组合来制造氨，那么则需要几个世纪的时间。但是，量子计算机能够快速分析化学催化过程，并提出最佳的催化剂组合来产生氨。

（五）云计算。量子云计算正在成为富有前景的领域。量子云平台可以简化编程，并提供对量子计算机的低成本访问。IBM、谷歌和阿里巴巴在内的大公司均在部署量子云计算项目，本源量子的云平台早在 2017 年就已上线，不断迭代更新的强大功能为量子编程和量子计算提供了全新的视角和可能性。

我们知道，在汽车的自动驾驶或驾驶辅助系统等领域，运用人工智能进行图像识别的技术不可或缺。如果无法根据车载摄像头拍到的画面判断对面驶过来的是汽车、自行车还是行人，便无法决定接下来该进行什么样的操作。虽然量子计算机尚无法在很快时间内实现小型化并装载到汽车上，但其实可以通过连接到云端的方式来应用。

作为对社会影响重大的技术，汽车自动驾驶技术备受关注。它不仅意味着汽车可以在无人驾驶的情况下行驶，还意味着可以将所有汽车连接到网络，采用自动驾驶模式，便有可能解决交通拥堵等各类社会问题。而且将汽车连接到网络，人们还可以享受到各种便捷的服务。比如，我们可以想象一下乘坐未来的汽车外出购物的

① Haber–Bosch Process 是一种通过氮气及氢气产生氨气（NH_3）的方法。

情形。我们不用开车，说不定那时的汽车连驾驶座位都没有。我们将目的地设定为近效的超市、药店、影院，并指示导航最后返回家中。当然，这些设定不用靠按钮输入，使用语言输入就可以了。接下来，系统会提出一套将交通拥堵程度、交通规则等都考虑在内的最佳路线方案。根据具体情况，它或许还会将可能购买到生鲜食品的超市排在路线的最后。

开始自动驾驶以后，系统会一边自动测量汽车和前车之间的距离，一边选择最优路线行驶。当摄像头捕捉到突然出现的物体时，系统会判断是该刹车还是该转动方向盘。人工智能无须安装在汽车上，它可以通过云端连接，瞬间便能得出最佳答案，接下来只要传达给汽车便可。如果驾驶的是电动汽车，系统会随时关注电池余量并优先充电。当汽车遇到故障或事故时，系统还会自动呼叫救援服务。

如今，谷歌等多家 IT 企业都通过云平台来提供服务。这些服务需要几百万台经典计算机协同工作，将各种永无止息结果反馈使用者。如果将其中一定比例的经典计算机替换成量子计算机，就有可能实现过去无法提供的服务。这样一来，不仅计算速度会更快，提供服务所消耗的电量也会更少。

（六）网络安全。量子计算机可以用来破解保护敏感数据和电子通信安全的密码。同时，量子计算机也可以用来保护数据免受量子黑客攻击，这需要一种被称为“量子加密”的技术。量子加密是一种将纠缠光子通过量子密钥分配，进行远程传输的想法。目的是保护敏感信息。最重要的一点是，如果量子加密通信被人截获，加密方案将立即显示中断迹象，并显示通信不安全。这依赖于测量量子系统的行为会破坏量子系统的原理，被称为“测量效应”。这也就是量子力学中测量的“波包塌缩”效应。一个量子态，一旦你进行观察或测量，它就会塌缩为它的本征态，失去相干性，不再是它以前的状态了。因此，你不能通过测量获取它的全部信息。

关于量子通信和量子密码学，查尔斯·贝内特（Charles Bennett）和吉尔·布拉萨德（Gilles Brassard）做出了许多著名的工作，他们是这个领域的伟大先驱。中国科大的潘建伟教授也是这个领域中实验方向的杰出领导者之一，“墨子号”量子卫星就是一个非常伟大的成就。

因此，量子计算机将会产生巨大的影响。量子计算在一些相关的领域也非常有用。随着量子计算资源成本的下降以及量子基础知识的普及，更多的相关行业将会涌现。量子计算将在各个行业中有越来越多的应用，特别是在那些传统计算机效率低下的领域，量子计算机的作用将会愈发明显。

四、量子人工智能与智能社会发展

随着智能化社会的不断发展，量子人工智能计算中心将成为关键的信息基础设施。量子计算提供了一条新量级的增强计算能力的思路。随着量子计算机的量子比特数量以指数形式增长，它的计算能力是量子比特数量的指数级，而这个增长速度将远远快于数据量的增长速度，这就为数据爆发时代的人工智能带来了强大的硬件基础，推动量子人工智能的发展。

在移动互联网、大数据、超级计算等新理论、量子信息和量子计算新技术的驱动下，人工智能加速发展，并呈现出深度学习、跨界融合、人机协同、群智开放、自主操控等新特征，对经济发展、社会进步等方面产生了重大而深远的影响。作为未来智能社会的基础支撑，从“互联网 +”到“人工智能 +”，人工智能进入新的发展阶段。量子计算和人工智能技术的大规模、普适性发展及应用落地，全面支撑数字经济社会构建，人工智能在量子算法的辅助下将默默改变人们的学习、娱乐、生产生活方式，各领域将从数字化、网络化向智能化加速跃升。

随着量子计算的发展，量子人工智能在教育、医疗、养老、环境保护、城市运行、司法服务等领域的广泛应用，将极大提高公共服务精准化水平，全面提升人民生活品质。量子人工智能技术可准确感知、预测、预警基础设施和社会安全运行的重大态势，及时把握群体认知及心理变化，主动决策、及时反应，从而显著提高社会治理能力和水平，有效维护社会稳定发展。

1. 基础设施智能化

基础设施是建设智能社会的重要环节，智能化的基础设施管理可以大幅提升社会的运行管理水平，进而实现降本增效。

交通智能化是指能够实现交通引导、指挥控制、调度管理和应急处理的智能化，可以有效提升交通出行的高效性和便捷性。交通智能化的深入发展将解决交通拥堵这一城市病。5G 网络下的汽车自动驾驶、无人驾驶将逐步推广使用，智能汽车将成为仅次于智能手机的第二大移动智能终端。依赖于各种智能化基础设施提供的互联互通能力，未来自动驾驶将实现一些高级操作，例如十字路口的红绿灯提醒及车速引导，需要各类基础设施协同感知，为车辆提供非视距的感知能力及精准的驾驶建议。智能化基础设施的广泛部署，也将从高精度定位、海量数据处理、协同决策控制等方面增强车辆的自动驾驶能力。

智慧管廊的建设能高效配置社会资源，实现市民生活多要素（水、电、燃气、网络等）的数字化管理。智能电网支持分布式能源接入，居民和企业用电将实现个性化、智能化管理。智能化的水务系统覆盖供水全过程，通过运用水务大数据保障供水质量，实现供排水和污水处理的智能化。同时，智能管网能够实现城市地下空间、地下管网的信息化管理、可视化运行。

未来城市公用设施等的智能化改造，以及数据库等信息系统和服务平台的不断完善，将推动实现设备、节能、安全的智慧化管控。未来在量子计算驱动下快速发展的人工智能与算力技术将为智能化的基础设施发展保驾护航。

2. 公共服务普惠化

公共服务关乎我们的日常生活。充分利用量子云计算、大数据、量子人工智能等新一代 IT 技术，建立跨部门跨地区业务协同、共建共享的公共服务信息体系，有利于创新发展教育、就业、社保、养老、医疗和文化的服务模式。

在智能社会中，随着智慧医院、远程医疗深入发展，电子病历、健康档案的普及应用，医疗大数据的不断汇聚和深度利用，优质医疗资源的自由流动，预约诊疗、诊间结算大幅减少人们看病挂号、缴费的等待时间，看病难、看病烦等问题将得到有效缓解。同时，具有随时看护、远程关爱等功能的智慧养老服务体系为“银发族”的晚年生活提供有力保障。公共就业信息服务平台实现就业信息互联共享，就业大数据为就业提供全方位的支撑，并促进就业稳定健康发展。教育智能化将围绕促进教育公平、提高教育质量和满足人们终身学习需求持续健康发展，教育信息化基础设施不断完善，充分利用信息化手段扩大优质教育资源覆盖广度和深度，有效实现优质教育资源的共享。在数字化产业方面，数字图书馆、数字档案馆、数字博物馆等公益设施建设的智能化服务，为满足人民群众日益增长的文化需求提供坚实保障。基于移动互联网的旅游服务系统和旅游管理信息平台，实现了旅游智能化，旅游大数据的应用为旅游服务转型升级带来新机遇和新挑战。

3. 政府决策科学化

智能化的电子政务与数据管理，要求建立健全大数据辅助决策的机制，以加速推动政府治理现代化，加快建成服务型、智慧型政府，有效改变地方政府在决策中存在的“差不多”现象，推动政府治理模式由“粗放”治理向“精准”决策转型，由“静态”管理向“动态”治理转型。利用大数据平台综合分析各类风险，这有助于决策者有效预测事态发展趋势，并将问题由事后解决转向事前预测与前瞻决策，提升政府对风险的防范能力。通过政企合作、多方参与，促进公共服务领域的数据管理和共享，将政府掌握的相关数据与企业积累的相关数据进行有效利用，形成社会治理的强大合力。通过利用智能化手段高效应对群众诉求的网络平台，政府能够更好地掌握社情民意，构建阳光政府、透明政府。

正是因此，在量子计算机的各应用领域中，人工智能的发展令人期待。谷歌和美国国家航空航天局联手成立量子人工智能研究所，也体现了他们想将量子计算机用于人工智能研发领域的决心。在量子人工智能的发展中，算力是人工智能发展的技术保障，是人工智能发展的动力和引擎，通过支撑人工智能基础设施、量子算法技术的发展，从而应用于各行业，促进各产业的快速发展。反过来，人工智能的发展和应用又促进算力的技术革新，伴随着量子人工智能的发展，算力也在不断提升，二者相辅相成。

目前人工智能正迎来第三次热潮。其背景是量子计算机计算能力的提升、互联网的普及和数据量的大幅增加。通过量子机器学习，特别是深度学习，可以实现高性能的量子人工智能，使社会生活变得更加便利。人们都期待在不久的将来能够实现这一天。

4. 人工智能超越人类智能的奇点会到来吗？

人工智能超越人类智能的那一天被称为“奇点”，这个奇点是否会到来，什么时候到来，这也是人们热烈讨论的问题。有人担心比人类更聪明的人工智能会威胁到人类的存在，也有人主张应该谨慎对待人工智能的研发。还有人认为，奇点将在几十年后到来。

虽然比人类聪明的人工智能指的是什么还有待确认，不过针对人工智能进一步产生更加聪明的人工智能，从而超出人类控制的担忧，有科学家还是试图极力给出明确的回答，那就是至少在几十年内还不会出现类似情况。

理由是，使用现有的计算机进行机器学习或深度学习，人工智能都需要相当多的时间和大规模数据，并且经过如此费力的学习，才能判断出图片上的食物是咖喱还是蛋包饭。因此，人工智能要拥有自己的意志，还需要近乎永远那么长的时间。能比人类更出色地完成某项特定任务的人工智能，与像人类大脑一样能够处理任何任务的通用人工智能之间，存在着巨大的不同。

机器学习是对给定数据进行学习的程序，因此很难读取到给定数据之外的内容。在目前阶段，能够读懂文章的系统还很难实现。现有系统只能根据一些常见的表达方式在数据中出现的频率进行学习，将其用于与人类的对话，这一过程中并不会产生智能。提供与输入和计算结果相关的数据，让自动计算系统进行学习，也并不能说明已经理解了计算的含义。虽然有很多人被问到“加法为什么这样做”时也会回答“规则就是如此”，然而超越表面现象，通过对加法的深入洞察形成数学观念的才是人类智能。人工智能要达到这一程度，还面临超乎想象的遥远距离。

那么，如果量子计算机进一步普及，并被广泛应用于人工智能的研发，情况又会怎样呢？那时距离奇点看似更近了一步，但其实依旧非常困难。因为即便人工智能可以通过量子计算机更高效地学习，但还是需要人类创造出算法作为学习的方法。人工智能做出任何判断，都需要依靠人类创造的基础框架。机器学习需要求解最优化问题，在确定具体最优化问题的时点，机器学习所能获得的能力便已经被确定了，而选择最优化问题的仍然是人类。当然也可以考虑将选择权交给人工智能，由人工智能来搭建结构，但判断这一结构能否发挥良好的效果的标准，归根结底还是要由人类设定。

况且，具备能够自主搭建结构并反复进行优化的人工智能的计算机恐怕还需要相当长的时间才能问世。AlphaGo 的成功，也是在规定了明确规则的赛局框架内，通过计算机之间的反复对弈，找出最优战略的训练过程才得以实现的。

能胜任人类社会所有任务的人工智能，需要经过怎样的训练才能实现呢？在近期，这恐怕是很难设计出来的，可能需要相当长的一段时间。我们可以想象儿童的成长，他们确实是在不断试错的过程中产生新的行动能力的。然而，与人类相比，计算机所需要的训练量可谓是无穷无尽。正因为如此，高效训练方法也还有待进一步突破。

结语

畅想量子计算新时代

CHANGXIANG LIANGZI JISUAN XINSHIDAI

随着新一轮量子科技革命和产业革命的深入发展，一个以算力为核心生产力的数字经济时代正加速到来。量子计算的大门已经逐渐开启，量子计算的强大算力已经逐渐显露。量子计算有望为人工智能、密码学、药物合成、大数据处理、数值优化和复杂科学问题等多领域的研究提供强有力支撑，对未来社会产生革命性的影响。

现在或许还无法准确预测“量子计算机时代”何时到来，但在科学家看来，已经没有什么原理性的困难可以阻挡这种革命性、颠覆性的产品诞生了。人们对量子计算机的态度已从过去的“能不能实现”转变为“什么时候能实现”。人类真正研究量子计算虽不过短短 20 多年，但已揭开了量子计算神秘的面纱，并在多个领域取得了重要进展。科学研究无止境，量子计算这个巨大宝藏仍需要我们去继续挖掘，其强大的计算能力需要我们去进一步开发。

随着研究日益深入，规模化通用量子计算机必将诞生，其必将极大地满足现代信息计算的需求，在海量信息处理、重大科学问题研究等方面产生巨大影响，甚至在国家的国际地位、经济发展、科技进步、国防军事和信息安全等领域也会发挥关键性作用。可以预期，通用量子计算机的研制将曲折而艰难，但我们不妨大胆畅想量子计算机的成功研制及其强大的算力对国家和人类进步的颠覆性影响。[①]

（一）国家影响力

信息是当今世界最重要的战略资源，计算机技术是现代信息技术的核心，提供着信息处理的重要算力。算力，即信息处理能力，是信息时代的基本生产力，是国家的核心竞争力，是体现国家综合实力的重要标志。第二次世界大战结束以来，美国一直处于超级计算机研发的尖端地位。最初超级计算机主要用于计算导弹弹道及模拟核武器等军事活动当中，后来逐步应用到科研、产品研发、金融等各个领域。随后，计算机和互联网技术在美国迅速发展壮大，在世界范围内扩展并加速了全球化进程，美国在这个过程中积累了强大的国际影响力。如今，量子信息和量子计算科学技术引领的第二次量子革命，给了我国一个从经典信息技术时代的“跟踪者”“模仿者”转变为未来信息技术“引领者”的伟大机遇。量子计算技术是一种

① 郭光灿：《颠覆：迎接第二次量子革命》，科学出版社，2022 年，第 228 页。

颠覆性技术，关系到一个国家未来发展的基础计算能力，一旦突破，会使掌握这种能力的相关国家迅速建立起全方位战略优势，引领量子信息时代的国际发展。

（二）经济影响力

量子计算机能克服经典计算机发展所遇到的能耗和量子效应问题，从而摆脱半导体行业摩尔定律失效的困境，同时突破经典极限，利用量子加速、并行特性解决经典计算机难以处理的相关问题。作为经典计算机的继承和补充，量子计算机未来会像经典计算机一样形成庞大的技术产业链，在国民经济生活中产生重大影响。量子计算机相关技术的突破必将带动包括材料、信息、技术、能源等一大批产业的飞跃式发展，成为“后摩尔”时代和“后化石能源”时代人类生活的技术依托。量子计算机强大的并行计算和模拟能力，将为密码分析、气象预报、石油勘探、药物设计等的大规模计算难题提供解决方案，从而提高国家整体经济竞争力。

（三）科技影响力

近 50 年，半导体及信息行业的技术发展经历过数次突破，从处理器的运算速度到存储器容量，再到网络带宽，每次突破后都能带来巨大的社会进步。目前，海量数据处理已经成为急需攻克的壁垒。当前计算机处理数量数据的能力有限，传统计算机已经远远无法满足信息量爆炸式增长的需求，迫切需要从原理上突破超大信息容量和超快运算速度的瓶颈，而量子计算机正好能有效满足这个需求。量子计算机在科学研究领域具有广泛应用前景。学术界一般认为，在通用量子计算机出现之前，具有特定功能的专用量子计算机（量子模拟机）将首先出现并实现对量子体系的模拟。量子计算机利用其特殊的量子力学原理，将为强关联等物理学问题提供完美的检验平台。同时，量子计算对生物制药、机器学习、人工智能领域将产生深远影响，并对提高国家科技影响力起到积极的促进作用。

（四）军事影响力

量子物理与计算科学第一次大规模结合的直接原因就是研制核武器的需求。在计算技术的发展历程中，军事应用价值始终是其重要推动力之一。量子计算机应用到国防建设时，其强大的运算、搜索、处理能力将为未来武器研发提供计算、模拟平台，缩短研发周期，提高武器研发效率。此外，它还能在未来战场上快速破译密文，为情报和战况分析提供及时、高效的技术支撑，提升作战能力，同时在战场计算、组织决策、后勤保障等方面发挥巨大作用，甚至改变未来战争的形态。因此，掌握其核心技术能够极大地增强国防综合实力。

（五）信息安全

量子计算机最受关注的重要应用之一是破译现代密码体系。理论研究表明，目前使用的 RSA 密码体系在量子计算机面前将不堪一击。基于经典保密系统的安全体系在量子计算机面前将变得无密可言。量子计算对信息安全的影响不言而喻。

一言以蔽之，当今世界，算力已成为数字化、智能化时代的“基础能源”，谁掌握了先进的算力，谁就掌握了开启未来世界的钥匙，算力已成为全球科技竞争的战略制高点，对人类社会的重要性已经不亚于空气、水对人类社会的影响。随着量子信息和量子计算科学技术的发展，以及算力服务、芯片制造工艺的不断发展和突破，算力的演进也迎来了重要的转折期。从算力演进的角度看，基于冯·诺依曼架构体系的摩尔定律面临失效的风险，如何推动算力科学从量变到质变，实现算力跨越式发展，成为算力科学研究领域研究的重点。

量子计算机的成功研制可以实现算力的跨越式发展，克服了经典计算机因摩尔定律失效和芯片纳米工艺近乎减小为零带来的算力不足问题。在量子计算的助推下，算力将持续为整个经济、社会、生产、生活带来更加深刻的影响。算力的发展将迎来革命性的变革。这一变革将给中国带来科技创新、产业拓展、经济繁荣的良好契机，将成为践行习近平总书记提出的科技强国梦的重大支撑，促进经济社会发展，更好地满足人民群众对美好生活的向往。

附录一

人类算力的提升离不开计算工具的发展

RELEI SUANLI DE TISHENG LIBUDAI
JISUAN GONGJU DE FAZHAN

自从地球上有了人类的活动，就产生了对计算和计算工具的需求。最初，计算的对象就是数，数的概念起源于原始人的生产实践活动。在狩猎活动中，他们意识到区分每次猎获不同动物多少的必要性，如果两只羊可以吃一天，那么一只羊只能吃半天。在和狼群的对抗中，一只狼比较容易对付，对付两只狼就比较困难，对付多只野狼就有被狼吃掉的危险。原始人类从生存的周围环境描述和周围事物的交往中抽象出“数量”的概念。从具体的物种群体中抽象出“数量”的概念，是人类智能发展的最初一步。

在数的概念出现以后，就有了记数（数的存储）和计算问题。最初的记数可以看成是把实际物群、状态以及环境条件中抽象出的数，用一个可以控制和保存的物理系统的状态表示。所谓“表示”，就是需要在记录的数和用作记数的物理系统的状态之间建立起对应关系。

从掰指头计算到结绳记数

用手指伸屈状态表示数，这可以解释为什么世界各民族最早都采用十进制记数，而不是其他。手指指数不仅是最方便的表示数的方法，而且掰指头计算也是最方便的计算方法，于是人的双手，就成为最原始的计算工具。十个指头的曲直可以呈现不同的状态，表示不同的数。计算过程就是按加减算法控制十个手指的伸曲。计算结果就是用手观察哪些指头伸，哪些指头屈，以及伸屈指头位置和数量。显然输出计算结果的测量非常简单，就是用眼睛去看一下不同指头的伸曲状态。

用十指记数不便于数据存储和复杂计算。使用“结绳”记数，就成为古代先民十分普遍的记数方法。所谓“结绳记数”，就是把绳子看作是记数系统，最简单的结绳记数法就是在绳子上打结，使绳子上的每个“结”和实际捕获的羊或遇到的狼数量建立对应关系。捕到一只羊，打一个结，捕到两只羊，就打两个结……吃掉一只羊，就解去一个结。用这种方式既可“存储”，又可用于计算。这里“绳”就是用作“计算机”的物理系统，编码态就是绳上结，计算操作就是手动，测量就是去数一数绳上结的个数。

结绳记数的方法在南美洲的印加帝国曾发展到十分完善的地步。数值不仅用结的个数、形状，还通过结的位置表示。绳结被印加人称为“奇普”，用棉线、骆驼或羊毛线制成。古印加帝国结绳记事的实物图显示：一根主绳上串着上千根副绳，副绳上打着复杂的结，代表不同数据：字形结代表 1，长结按不同的扭转次数分别代表 29，一段无结的空绳代表 0，单结代表 10、100 和 1000 等。一根绳子结的位置、形状和个数表示不同的数。例如，从上到下，一段四个单结串，再一段五个单结串，再有一个扭了两圈的长结，就表示数学 452。

结绳记数中，把结绳作为计算工具，编码态就是用绳子的主副、结的位置、结的形式以及结的个数等特性表征的绳状态；计算操作就是在不同位置打上或解开不同形式和数量的结。计算输出就是用眼睛确定绳子的结状态。历史上还有用“刻度”“小木条”“小石子”记数并用作计算工具的记载。数据态、计算操作以及计算结果输出方法和结绳基本上没有本质的差别。

筹算：用筹的位置、横竖、数量状态编码

随着生产技术进步和社会生产力提高，计算量越来越大，计算速度、计算精度要求越来越高，双手、结绳等作为计算工具已不能满足计算需要。我国春秋战国时期出现的“算筹”，可以说是继人手之后最初的计算工具，也是中国独特的一种计算工具。

算筹由许多筹码组成，筹码是用竹、木、骨或象牙制成长条，上面刻有数字。把算筹放在地面或盘中，就可以一边摆弄小长条，一边进行运算。“运筹帷幄”中的“运筹”就是指移动筹码，当然运筹还含有筹划的意思。用筹进行计算（筹算）很方便，在古代中国使用得也很普遍，秦始皇及张良等政治家都亲自进行过布筹计算。

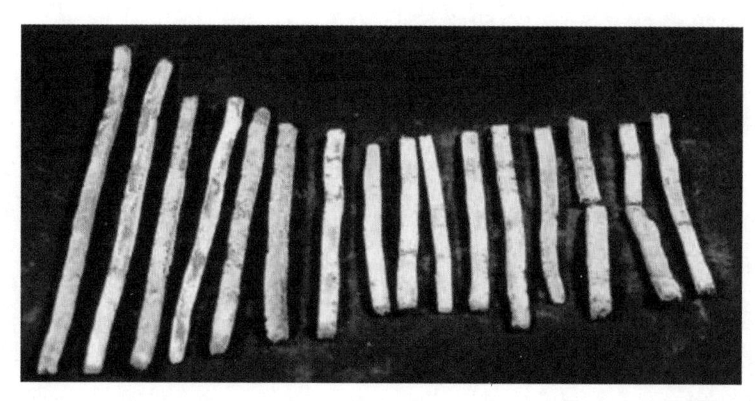

◎图 1 算筹码

据公元4世纪《孙子算经》记载，筹算用不同位置上（不同位置上的筹权重不同）、横竖放、筹的不同数目等方式表示数。即要表示一个多位数，各位值数字从左到右排列，每位值由筹的个数表示，没有筹的位表示该位为零。其中，个位、百位、万位等用竖筹表示，十位、千位等用横筹表示，横竖相间，界限分明，不容易混淆。

换言之，筹计算器的编码态就是用筹的摆放位置、横竖以及数量等分布特性描述的算筹系统摆放状态；计算过程就按一定规则（算法）移动、摆放、增加或减少不同位置上筹的数目；计算结果输出就由观察筹码的摆放位置和数量状态给出。如图2所示。

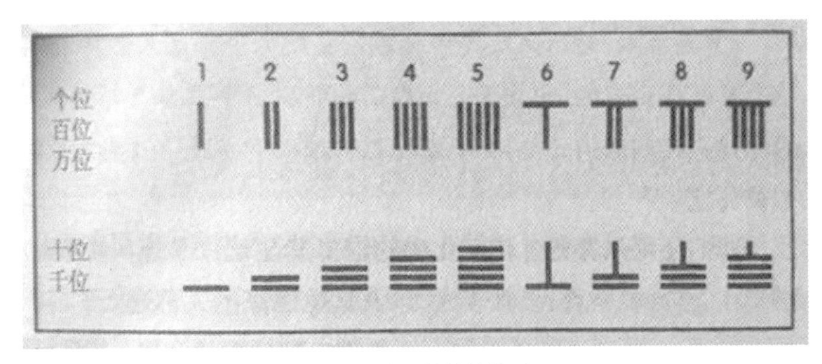

◎图2　中国的算筹数码

通过交替使用竖直算筹和水平算筹，以及表示0的空格，中国人发明了一种使简单计算变得既迅速又容易的记数和计算系统。

珠算：用算珠的不同位置和数量状态编码

珠算又称“算盘”，是继算筹之后我国发明的另一种更便捷的计算工具。关于算盘的最早记录见于汉朝徐岳撰写的《数术记遗》中，流行于宋、元时期，在宋代名画《清明上河图》中药辅柜台上就放着一个算盘。算盘的结构是大家熟悉的，如图3所示。

在木制的矩形框中安装13根（或更少或更多）竖条，矩形框中的一根横梁把每根竖条分成上下两档。上档串有两个算珠，每个算珠表示数5；下档串有五个算珠，每个表示数1。一个竖条表示十进制的一个位。选准中间某个竖条为个位后，

◎图 3　算盘

个位左侧从右到左，分别编码每个竖条是十位、百位、千位等，右侧则从左到右依次为十分位、百分位、千分位等。计算起始时，所有横梁以下的算珠都靠下边框排列，所有横梁以上算珠都靠上边框排列。算盘的这种初始状态表示输入是零。计算需要人按照一套描述算法的“口诀”，用手拨动算珠，使算珠靠近横梁或离开横梁执行。计算结果就由各位上算珠的位置分布状态描述。

算筹计算和算盘计算显然还不能称为计算机，它们还不具有机器的自动性质，计算过程需要手动，为了和后面的包含有某些自动行为的计算机区分，我们称它们为“原始的计算工具”。但从这些原始的计算工具中已经能看到计算机的四个基本条件。这里用作计算工作的算筹或算盘，编码态是用系统各单元位置、数量和分布等要素描述的物理系统状态；计算过程则是按算法口诀要求，用手移动算筹或拨动算珠完成，这相当于变换系统形态；计算结果的算出就是输出，则是通过目测系统形态得出，即用筹、算珠位置和数量等特性描述。

原始和早期的计算工具具有简单、直观的形式，因此它们满足计算机必须具备的基本条件的方式，也显得非常直观和简单。计算机说到底是一个计算的工具，人们发明计算机的目的是加快计算速度、减轻人的工作负担和减少计算错误。

机械计算机

生产的发展和科学技术的进步，对计算量、计算速度和精度等都提出更高的要求，同时也为制造满足这些需求的计算机准备了条件。1623—1624 年，德国学者席卡德（Wilhelm Schickard，1592—1635）为了帮助开普勒提高天文计算工作

席卡德（Wilhelm Schickard，1592—1635）

的效率，设计了世界上第一台机械式计算机工作模型，可以进行四则运算，用齿轮传动。不幸的是，席卡德设计出的机器在德国30年战争中被毁，这也致使席卡德没有被赋予近代机械式计算机第一发明人的称号。直到二十世纪五十年代，学者们在整理开普勒的信件中才知晓这一历史事实，开始复原席卡德的机械式计算机。

现在人们普遍知道的世界上第一台机械式计算机是法国数学家物理学家帕斯卡（Blaise Pascal）制造的。1642年帕斯卡基于齿轮转动技术制造出一台能够执行加减运算的机械计算机。这是一台十位制计算机，但这台机械计算机标志着人类向自动计算迈出的重要一步。1674年，德国数学家、物理学家和哲学家莱布尼茨（Gottfried Wilhelm Leibniz）在帕斯卡计算机的基础上，制成一台可以进行乘除运算的机械计算机。

帕斯卡（Blaise Pascal，1623—1662）

机械计算机使用表征不同位置的齿轮转动到不同位置的状态编码数据，计算过程由手动（部分机器自动）变换机器内部态（由其中不同位置小齿轮转动位置描述）输出计算结果。机械计算机已经能部分地依靠内部机制实现一定程度的自动计算，这是较算筹、算盘更进步的地方。特别是已包含有把部分算法程序物化在机器内部的现代计算机思想，这是它的进步点，但这毕竟还缺乏真正程序控制的功能，仍然不是现代意义上的计算机。

席卡德计算机，1623年 帕斯卡计算机，1642–45年 莱布尼茨计算机，1673-97年

电子计算机

二十世纪二十年代以后，迅速发展的电子科学技术为制造电子计算机提供了可靠的物质基础和技术条件。电子计算机的发展，按照其物理构件，经历了从电子管、晶体管，以及中小规模集成电路到大规模、超大规模集成电路几个阶段。

通过上面对计算机发展历史的考察可以看出，计算机的发展历史就是实现计算机硬件基本条件的物理原理和技术进步的历史。从最原始用手指伸屈状态编码数字，到用算筹、算珠的位置和数量分布状态，一直到齿轮的位置和转动，都可用简单的机械运动状态描述。至于继电器开关状态、电子管以及半导体管的导通和截止，则可以用电磁学方法描述。比如晶体管的导通和截止状态，由电磁学的电流、电压方程决定。同时，确认一个晶体管通或截止状态的测量，也按照经典方法通过测量电压、电流决定的。

由于上述计算工具，计算机编码态是经典物理态，执行计算任务的操作都是按传统的经典物理学规律运行，输出计算结果的测量就是经典测量，这样的计算机就是经典计算机。经典计算机作为一个物理系统，虽然实际上也是由微观原子构成，这些原子运动原则上也服从量子力学规律，但经典计算机的编码态和系统的、宏观的、经典自由度有关，这些编码态的性质是经典物理的，态变换遵从经典物理规律，所以工作原理是以经典物理学为基础，并不是建立在系统的量子力学性质上。

总之，人类的计算活动经历了一个漫长的发展过程。如前所述，人类最初只是用一些简单符号或形象图案，或一些具体的物件，比如手指、绳结来记事或计数。今天，计数看起来很容易，就连小孩子都可以学会，但灵活方便的计数实际上是在近代才发展起来的。在历史上的大部分时间里，计数都是项艰难的工作，它通常由专家来完成。人们付出了几千年的努力才有了现在使用的计数系统。

二进制的发明和冯·诺依曼电子计算机的产生

在人类文明发展的历史长河中，不同文化创造了不同的计数方法，比如美索不达米亚六十进制记数法，埃及十进制记数法，玛雅二十进制记数法，中国算筹数码记数法，等等。随着时代的发展和文明的推进，有些方法现在早已不用了，但也有一些方法，特别是计算机中使用的二进制方法，虽然在晶体管发明几个世纪以前已为人所知，但是直到二十世纪五十年代才得到广泛应用。

◎莱布尼茨（Gottfried Wilhelm Leibniz，1646—1716）

二进制记数法是由德国数学家、物理学家和哲学家莱布尼茨发明的。1679 年莱布尼兹发表了论文《论二进制级数》，提出了二进制。1701 年，他发表了关于二进制的另一篇重要论文《试论新数的科学》，为计算机理论及控制论的创立奠定了基础。莱布尼茨是一位富有创造力、才华横溢的数学家。他不仅发明了二进制，创立了微积分，而且对哲学问题有着浓厚的兴趣，提出了单子论。莱布尼茨对宗教的兴趣是他发明二进制的诱因。他想发明一种反映其宗教信仰的记数系统，于是提出了一种包含两个符号 0、1 的位值制记数系统。符号 0 和 1 不仅可以表示数，而且还具有哲学思想：0 代表空间，1 代表上帝。

从计算的角度看，使用二进制的优点在于它的简单性。它只有 0 和 1 两个数码，逢二进一，也最容易用电路来表达，计算机由大量的小集成电路所控制，每个电路都有两种状态：0 态或 1 态。比如，0 代表电路不通，1 代表电路畅通。我们平时用电脑的时候，不会感觉到是在用二进制计算，是因为系统会把你输入的信息自动转换为二进制，算出的二进制数再转换成我们所看到的信息显示在屏幕上。二进制虽然简单，但是，相比于十进制，用二进制表示，即使相对较小的数表示起来也不太方便。例如，用十进制表示的 100，若用二进制则表示为 1 100 100。这影响了人们对二进制记数法的认可度。

事实上，莱布尼兹关于二进制记数的哲学论述，并没有给当时的人们留下印象，他的思想也被世人遗忘长达两个世纪之久，直到 1951 年第一台并行计算机出现才得以被人重视。这要归功于美籍匈牙利数学家冯·诺依曼（John von Neumann）对计算机的认识。

◎冯·诺依曼（John von Neumann，1903—1957）

二十世纪初，随着电子管的问题，计算机的设计引起了人们的关注。电子管是今天晶体管的前身，它和晶体管都是用来控制和改变电流流量的；但是电子管对电路中的变化反应较慢，完成相同的工作需要耗费更多的能量，不过当时电子管技术似乎非常迅速，并切实有效。最初发展计算机的动力主要是为了提高计算机在更广泛领域的计算能力，特别是弹道计算以及后来的雷达、声呐和核武器的研究，因为较低的运算速度是影响所有这些领域进步的障碍。

第二次世界大战（1939—1945）加速了计算机的设计研究。投入运行的第一台计算机，即电子数值积分器及计算器（ENIAC），于 1946 年研制完成，它是一台含有 18000 个电子管的大型机器。这是一个巨大进步，但它仍然用十进制存储数据和运算。ENIAC 及其随后的几台机器都是为个别需求而设计制造的。每台机器都极其昂贵，且使用起来需要消耗大量劳动力；在制造过程和克服先前机器的局限性上，都要付出巨大的努力。

ENIAC 完成后不久，冯·诺依曼就发现二进制比十进制更为简便。因为电路只能是断路或通路两种态中的一种，所以对计算机来说，与十进制相比，二进制是更自然的选择，它简化了电路的设计。从 1945 年开始论证，到 1951 开始运行，第一台通用计算机 EDVAC 于 1950 年研制成功。今天，我们使用的计算机都是冯·诺依曼计算机。冯·诺依曼因此也被尊为“计算机之父”。由于大部分的计算都是由计算机进行的，莱布尼兹关于二进制的思想尽管发展得很慢，但最终取得了胜利。

早期的计算机与我们现在熟悉的计算机完全不同，它们的应用范围狭窄，很难制造和维修，并且价格非常昂贵。对专家来说，编程要求很严格。当时还没有发明高级的编程语言，所以计算机编程的技术不过是由许多 0 和 1 表示的一系列很长的、详细的指令组成，这些指令通过大量的穿孔卡传达给机器。甚至专家在编程时也常出现错误，在非常长的指令中，错误地放置 0 或 1 经常会使程序停止运行，这时必须找出错误并修改。此外，计算机是独立的机器，它们彼此之间不能互传信息。直到 1951 年第一台电子计算机诞生几十年后，美国国防部才发明了最早的因特网。

电子计算机最初是由欧美政府因战争需要而制造的，但 1951 年，为了方便美国人口普查局的工作，走在技术变化前沿的美国人制造了一台通用电子计算机 UNIVAC。这是第一个为和平而创设的计算机项目。直到美国军队为解决弹道计算开始应用计算机 30 年之后，才出现了我们所熟悉的用于娱乐和进行信息获取的相对容易使用的计算机。

附录二

图灵和图灵机

TULING HE TULINGJI

说到计算机领域的伟大先驱者，不能不提到英国数学家、解密专家、计算机科学家图灵（Alan Turing）。图灵是一位思维灵活，具有独特创造性的科学家。他对跨学科问题有着特殊的爱好，善于运用不同的思想，结合生成某种新思想，进行跨学科研究，这种本领使他在多个领域做出了杰出贡献。

在第二次世界大战期间，图灵被招募加入英国最高秘密计划，破译德国通信密码。在当时这些密码非常复杂，图灵思维敏捷，准确运用大量的新思想，帮助盟军破译了德国重要情报，这项工作对盟军取得胜利起到了至关重要的作用。

在计算机科学领域，图灵善于多角度地考虑数学问题，而不仅仅把数学作为逻辑的一个分支，因而在他早期关于计算的基础工作中，发现了在计算机科学领域中也有哥德尔不完备定理（哥德尔发现在任何数学系统中都存在既不能证明是真的又不能证明是假的命题）的相应结论。事实上，在大学期间，他就开始考虑我们现在称为计算机的理论模型了。1936 年，24 岁的图灵发表了现代计算领域奠基性的论文《论可计算数及其在判定问题上的应用》。他的这篇论文受到了大数学家冯·诺依曼的欣赏。在这篇论文中，图灵给出了一个“自动机器”，这个“自动机器”可以成为一台通用计算机。用图灵自己的话来说就是，“可以发明一台机器，这台机器可以用来计算任何可以计算的问题。”这就是图灵机。

也就是说，因其思想得名的图灵机，是一种“可编程的多用途的机器”，是一种思想实验，用以帮助他表达自己关于计算性质的思想。但按照图灵的想法，在理论上有可能建造一台可以模仿所有其他机器的通用机器。图灵的思想在计算机科学领域得到了广泛的应用。对我们来说，重要意义在于图灵机是可以存在的。《论可计算数及其在判定问题上的应用》这篇论文发表后不到 80 年，发达国家的大多数人都拥有了或者可以接触到图灵机。

图灵机可以通过使用不同的软件来模拟任何专门计算机的功能。我们的手机就是这样的，它可以是电话、电视机或者导航助手，也可以下棋，解决某些数学问题等。它们甚至可以做一些设计者都从未想到的事，比如，一个外部程序员可以用它来开发新的应用程序。

图灵机是一台可无限存储的机器，图灵想象这种机器能够一次连续工作几天甚至几年而不间断。事实上，图灵设想了一台没有时间限制的进行某个特定运算的机器，知道这一特点很重要，因为当机器能够永远计算时，速度便不再是考虑的因素。而这台机器实际上不存在最大速度，因为它没有时间限制。可以永远计算的机器只受一个限制——存储，但这也不是问题，图灵设想他的机器在存储上也没有限制。最后，图灵机完全可靠，它不会出错，也不会停止运转。虽然图灵机不切实际，但是就图灵的思想而言，图灵机比实际机器更好。图灵的想法十分有用，它促使了实用机器的创造。

按照图灵的想法，使用者通过一条纸带与机器进行交流。这条带子被分成多个方格，表明机器不断地响应指令。每个方格要么空白，要么印有符号，只有一组有限的符号用来控制机器。在计算过程的每一个步骤中，机器都要读取带子上的一个方格，每读取一个符号，机器就有相应的反应，它按如下方式响应指令：（1）擦去方格使之空白；（2）擦去方格并打上新符号；（3）保持原有方格不变；（4）向前或向后传送纸带。机器的精确反应是由当前读取的输入符号和现行的机器状态来确定的。

为了理解机器状态的含义，我们可以把机器想象成一组开关。机器的状态是由开或关的状态来决定的。最后，改变了的带子从机器中输出。当计算机完成它的工作，或更精确地说，如果计算机完成它的工作，计算机就停止，而带子输出的完成则表示通过计算机运算得到了问题的解法。图灵的概念性机器接受输入命令，处理信息，然后输出信息，由此图灵机成为一种原始的计算机。

如今，计算机的用途非常广泛，我们的各种书写和娱乐几乎都离不开计算机，我们还可以给它配置打印机或其他设备。按照图灵的想法，计算机是一台计算的设备。图灵机不是加法机，它是一台呈现人类活动的机器模型，在这之前只有人类才能进行这种活动。

一台可以按照人类的计算方式来计算的装置可以做许多事情，不过它的局限性是什么呢？图灵问自己，是否存在所有计算机都不能完成的某项任务。他的问题对理论计算科学非常重要，使得每位计算机科学家都赞同这个问题应该用图灵的名字命名。这个问题就是停机问题。图灵机计算完毕就停止，运算一个大问题或对于一个运算速度慢的图灵机来说，在停机之前可能需要长达几天、几年，甚至几个世纪的时间。因为图灵明确指出机器解决问题所需要的时间没有限制。从理论上讲，图灵机计算几百万年甚至几十亿年是不成问题的。但图灵想知道，利用一台图灵机，是否可以预测给定的图灵机在完成所给问题时会停止。

停机问题不能用实验来验证。对于运行时间在 15 天甚至 15 年而不停下来的机器，我们无法保证如果运行更长的时间它也不会停下来。这样，停机问题只能用数学来验证。假设我们有两台图灵机 A 和 B，将 A 编程进行一些问题的计算，给 B 提供一些关于 A 以及 A 要解决的问题的信息，我们想让 B 判断 A 是否会停止，也就是 A 是否能解决问题，或者 A 是否会无止境地运行而永不停止。图灵发现，按照一般规则，B 不能确定 A 是否要停止。

图灵的著名结论概括了关于数学基础的许多思想，为了得到结论，他使用了一些由数学家康托尔（Georg Cantor，1845—1918）开创的更为先进的集合论思想。他的结论是用矛盾的方式表达的，这在很大程度上与罗素悖论[①]的表达方式相同。另外，图灵的结论包含了哥德尔不完备性结论的推广。图灵最初发现的一个结果是：不存在可以用来推导出任意一个程序是否停止的一个公理集。换言之，要想寻找一个概念框架，使我们可以区分数学真理和数学谬误，并且不会出现模棱两可的结果，这是不可能的。人类和机器都达不到这个目标，对确定性的探索表明了无确定性可寻。

图灵机这个概念是在 1936 年提出的，在 1936 年之后的很多年，图灵及一些其他先驱者都认为，他们已经解决了计算理论的所有问题。他们觉得自己找到了一个非常完美的，或者说是唯一的计算模型。之后的很多年，大家都抱有同样的想法。但是，自二十世纪六七十年代起，一些极具创新精神的科学家们开始思考计算的本质。他们重新审视计算这个概念，思考像计算过程中需要消耗多少能量等问题。之后沿着这个思路，一些科学家也在思考利用量子理论进行计算的可能性。

① 罗素悖论是由罗素发现的一个集合论悖论，其基本思想是：对于任意一个集合 A，A 要么是自身的元素，即 $A \in A$；A 要么不是自身的元素，即 $A \notin A$。根据康托尔集合论的概括原则，可将所有不是自身元素的集合构成一个集合 S1，即 $S1=\{x: x \notin x\}$。

附录三

平行宇宙（量子力学的多世界解释）

PINGXING YUZHOU（LIANGZI LIXUE DE DUOSHIJIE JIESHI）

平行宇宙的概念源于惠勒（John Wheeler）的研究生埃弗雷特（Hugh Ⅲ，Everett）关于宇宙波函数的研究工作。源头是他对量子力学的哥本哈根诠释不满意。根据哥本哈根诠释，在进行量子测量时，我们会挑选出一个特定的物理参数，叫作“可观测量”。比如，如果你想出了一种方法来确定一个粒子的位置，位置就是可观测量。在测量之前，量子系统包含了一系列的位置可能性，即位置处于一个多种可能的“叠加态”。根据薛定谔方程，这种状态会不断演化。然而，在测量发生的一瞬间，一切都变了。系统随机塌缩到其中一个位置态上，就像一个不稳定的纸牌屋朝着一个随机的方向倒下。

埃弗雷特认为，量子物理学急需一个客观的解释。因为，可观测量取决于测量对象，这个想法太荒谬了。为什么人类实验者的选择会影响粒子世界的运行机制呢？既然薛定谔方程适用于系统的连续演化，它为什么就不能解释测量问题呢？然而，把观测者和观测对象分开，是一个更具哲学性的问题。如果我们要研究的系统是整个宇宙，如何实现独立观测呢？一方面，没有人能离开宇宙并测量它；另一方面，宇宙中的每个人都是该系统的一部分。如果不借助外部观测者，我们又如何知道波函数塌缩的概念是如何发挥作用呢？而要找出一种新方法，让量子测量无需借助这类塌缩来进行，同样令人生畏。

最终，埃弗雷特把一个革命性的假说摆在了惠勒面前：假设没有塌缩。假设每个量子系统（包括作为一个整体的宇宙）的波函数，按照薛定谔方程一直演化下去，没有塌缩，也就无须引入独立观测者了。这样一来，我们就可以清晰地定义宇宙波函数了。

◎埃弗雷特（Hugh Ⅲ，Everett，1930—1982）的平行宇宙假说

只有一个问题，而且非常明显。想象一个基本的量子系统，比如一个原子，科学家对它进行了观测。这类测量每时每刻都在发生，如果正确地操作，通常会得到一个而非一组结果。在这种情况下，观测在其发生的一瞬间并没有引发塌缩，而是使宇宙本身分岔为多种可能性。每一个分支代表一个不同的结果，或者说一个替代现实。

惠勒对埃弗雷特的大胆想法是支持的，两人讨论一番后，埃弗雷特决定以此为题撰写他的博士论文，并请惠勒作为他的导师。到 1955 年秋，埃弗雷特的博士论文初稿成形。与波函数坍塌概念不同，埃弗雷特认为，测量永远不会带来不连续性，观测者和被测量系统之间的相互作用会产生一个特定的态。为了考虑量子测量可能会带来几种不同结果中的一种情况，埃弗雷特认为每种结果都是一个有效的终态，可以通过现实的一个分支实现。观测者也会分裂成多个大致相同的版本，只能通过每个版本看到测量结果来区分。不同版本的观测者并不知道彼此的存在，他们只会在完全不同的时间线中度过他们的余生。埃弗雷特写道："观测一旦实施，组合态就会分裂成多元素的态叠加，其中每个元素都描述了一个不同的对象系统态和一个看到不同结果的观测者。"

以薛定谔猫为例。根据哥本哈根诠释，在盒子被打开和观测者测量这个系统之前，猫会处于一种不死不活、亦死亦活的状态。然而，根据埃弗雷特的诠释，可以做出一种完全不同的预测。那就是，一旦系统被设置完毕，猫的命运就跟样品的命运纠缠在一起了，现实也就分岔了。在一个分支上，样品会衰变，计数器会发出咔

◎约翰·惠勒

◎休·埃弗雷特（Hugh Everett Ⅲ）

嗒声，猫会被毒死，观测者会伤心落泪；在另一个分支上，猫活着，观测者感到高兴。在测量发生的一瞬间，科学家会自我复制成快乐和悲伤两个版本，他们除了观测结果不同之外，其他方面都相同，但他们并不知道彼此的存在，也就不可能对此观测记录。他们生活在两个只有细微差异的现实分支中，都在一个由所有可能性组成的抽象空间里，但彼此隔离。现实分岔的时候不会产生什么声音，因此两个版本的科学家都不会感受到任何异样。如果波函数从未塌缩，它就会像一条河流一样，分成两条支流，并继续平稳地流动。

惠勒虽然喜欢宇宙波函数的想法和埃弗雷特的避免塌缩的一般方法，但关于观测者的现实体验这一点，让惠勒觉得不舒服。他当时认为，意识不属于物理学范畴。最主要的是，他不希望埃弗雷特的论文激怒答辩委员会的其他成员，于是他删除了论文中提及的"分裂""感知"等概念的内容。虽然惠勒对埃弗雷特的论文进行了大刀阔斧的编辑，玻尔对它还是完全不感兴趣。于是，惠勒催促埃弗雷特进一步修改他的论文，只有这样，埃弗雷特才能拿到博士学位。最后，这篇论文变得寡淡无味，以致少有人能理解埃弗雷特的概念，也不明白他想说什么。大失所望的埃弗雷特离开了学术界，投身于国防研究。

幸运的是，埃弗雷特的平行宇宙假说引起了一个人的关注，那就是美国理论物理学家德威特（Bryce S. DeWitt）。1957 年，德威特夫妇组织了首届广义相对论的大型国际会议，会议在美国北卡罗来纳大学教堂山分校举行。惠勒带着他的学生来参会，埃弗雷特没有来，但惠勒把他的大幅删减版的博士论文副本寄给了德威特，还起了一个毫无特点的题目：量子力学的"相对态"表述。这篇论文被收入会议论文集，德威特还仔细阅读了这篇论文。一开始，德威特为终于有人在量子测量方面提出了新颖的想法而"高兴得要死"，但论文对参与量子态分岔的观测者漫不经心的引述又让德威特越发不安。德威特后来回忆说："我很震惊，立刻坐下来……给埃弗雷特写了一封（长）信，既称赞了他也责备了他。我对他的责备主要包括：引用海森堡的'从可能态到实际态跃迁'的观点，并坚持'我没有感觉到自己分裂'的事实。"

埃弗雷特给德威特回了一封简短的信。在信中，埃弗雷特借此机会以脚注的形式对分裂的概念做了一点儿解释（这部分内容被惠勒从论文中删掉了）。他解释说，在一次量子测量后，观测者的每个副本都认为他那个版本的现实是真正的现实。而且，你感觉不到某件事并不意味着它并没有发生。他建议读者（包括德威特）回顾一下伽利略时代的哥白尼学说的反对者，他们错误地认为地球不是绕着太阳转，因为没有人感觉到地球在运动。埃弗雷特机智的回复让德威特惊叹道："说得好！"

埃弗雷特的假说从 1957 年提出，很长时间，一直鲜为人知。直到 1970 年德威特（Bryce Dewitt）在《今日物理》（*Physics Today*）杂志上发表了一篇关于该假说的通俗性描述文章，他称之为量子力学的"多世界解释"，比"相对态"更具描述性，这一情况才发生了改观。德威特在征得埃弗雷特的同意后，还根据埃弗雷特寄给他的皱皱巴巴的博士论文初稿，即未经惠勒删减的版本，出版了一本关于多世界解释的学术书籍，从而使更多人了解了埃弗雷特的平行宇宙假说。在余下来的职业生涯中，德威特成了多世界解释最积极的拥护者和普及者，并强调对宇宙的任何量子描述都不可能有外部观测者，因此，多世界解释是唯一选择。然而，他也完全明白，"现实不断地分裂成无数的副本"的想法为什么会受到其他人的质疑。

比如，惠勒就对多世界解释一直怀着一种复杂的情感。事实上，他很欣赏宇宙波函数的概念，但"多世界""平行宇宙""分裂"之类的术语又让他感到十分不安。为什么要提出不止一个宇宙的说法呢？科学奇才费曼在很大程度上也对多世界解释采取了无视的态度。他的"历史求和的方法"和多世界解释都假定现实有平行的分支，是真正的时间迷宫。

然而，费曼的方法已经成为公认的描述粒子物理学的方法，而埃弗雷特的仍然存在争议。你可能认为平行宇宙都是一样的，但这两种方法在哲学上有关键性区别。在运用对历史求和的方法进行量子测量时，我们会体验到时空中不同路径的混合，这些路径都是由抽象的可能性领域中的粒子制定的。然而，这些路径的混合物并不能拆分成物理上可观测的不同部分。宇宙永远只有一个，经典现实也只有一个。

相反，多世界解释把分裂变成了一个真实的过程。我们周围的世界（包括我们自身）都在一个不断扩展的年表网络中不停地分裂。正如一些科幻作品所描述的那样，在一个分支里，两个人可能会是亲密的朋友，而在另一个分支里，他们可能是死敌。对许多物理学家来说，这种另类现实似乎太过"科幻"。即使是像惠勒这种钟爱"疯狂想法"的物理学家，也觉得"通往真实平行宇宙的通道"的观点是一座遥不可及的桥。对他来说，不可验证的断言近于宗教信仰，而非真实可信的物理学。夜晚做过的梦，终需接受晨曦的检验。

然而，不论对多世界解释的形而上学有多么质疑，多世界解释已经成为量子力学诠释中的一员。这部分得益于德威特的支持，部分要归功于大卫·多伊奇（David Dutch）（曾在德威特和惠勒指导下做博士后研究）和马克斯·泰格马克（Max Tagmark）（曾与惠勒合作）等有一定影响力的物理学家的后续提升。

附录四

关于量子计算的常见问题的解答[①]

GUANYU LIANGZI JISUAN DE
CHANGJIAN WENTI DE JIEDA

① 2020 年 6 月世界经济论坛（WEF）全球未来理事会（Global Future Council）发布了一份《关于量子计算的常见问题解答》的报告，详细描述了量子计算最常被问到的问题。这份报告为不熟悉这项技术或其用途的受众提供了答案。

1. 量子计算机为何与众不同？

二十世纪二三十年代，爱因斯坦、玻尔、海森堡、薛定谔等世界著名物理学家在量子物理理论的发展上取得了重大进展。特别是发现了叠加、纠缠和隧穿等新的量子物理现象，这些现象在量子计算中得到了广泛应用。现在的经典计算机，完全没有用到叠加和纠缠的原理。隧穿技术在闪存中有部分应用，但也只是刚刚起步。

经典计算的原理（在半导体的某些领域是例外）都是基于 19 世纪早期的基本数学和物理学的发现，例如布尔逻辑、欧姆定律、麦克斯韦方程组等。叠加、纠缠和隧穿等新的量子物理现象为研究人员提供了新的工具，来创建全新的计算机算法，能比经典方法更有效地解决某些问题。经典计算已经取得了成功，它使用数字 1 和 0 来表示物理世界中的符号，但真实的物理世界本质上是模拟的。量子计算机使用量子力学原理对量子过程进行建模。1982 年，著名物理学家费曼这样说道："自然不是经典的，如果你想对自然进行模拟，则最好把它变成量子力学，这是一个好问题，因为它看起来并不容易。"

2. 什么是量子比特？

量子计算机将信息存储在量子比特中。量子比特是存储信息的物理结构，就像经典的计算机比特，但量子比特利用了叠加和纠缠的现象。一个经典比特在任何时候都处于 0 或 1 状态，但量子比特可以处于叠加状态，即它可以同时处于 0 或 1 状态的线性组合。除此之外，量子比特可以纠缠在一起，如果改变一个量子比特的状态，会瞬间改变另一个纠缠在一起的量子比特的状态。即使这些量子比特距离原始量子比特非常遥远。

量子算法的主要目标是使用各种技术对量子比特进行操纵，以极高的概率将量子比特的量子态塑造成我们想要的样子。

在对计算结果进行测量后，量子比特状态将变为经典的 0 或 1 的状态，并且将不再表现出叠加或纠缠的特性。结果显示经典比特数与计算中使用的量子比特数相同。正如费曼所预言的那样，利用纠缠和叠加现象的量子计算机可以短时间解决量子化学和相关领域问题。这些问题是传统计算机所无法解决的，无论花费多少时间、精力或资源。但是在量子科学领域之外，Shor 的因式分解算法从抽象数论的角度提出了一个解决方案，这成了我们每天依赖的互联网安全系统的基础。

3. 为什么量子计算如此困难？

处于叠加状态的量子比特非常脆弱，如果有任何外部干扰，它们很容易塌缩为简单的 0 或 1 状态。为了尽量减少这种情况，目前的量子计算机要尽可能地隔离量子比特，将它们放入真空中，并冷却到接近绝对零度的温度，利用隔振平台将运动减至最小，安装磁屏蔽，将其与杂散磁场和电磁场隔离开来。即使采用了所有这些特殊的方法，目前的设备只能将处于叠加状态的量子比特的寿命维持几微秒或几毫秒。相比之下，只要不断电，一个经典比特可以在 0 或 1 状态下保持数百万年而不会出错。

量子计算领域中的研究人员在寻找获得更好的量子比特质量的方法，这样就可以实现更少的错误和更长的时间。幸运的是，可以从许多有干扰的物理量子比特中制造出有效的无干扰或逻辑量子比特，但目前需要为每个逻辑量子比特创建数千个物理量子比特。

4. 量子计算对什么应用有好处？

最直接的应用是将量子计算用于量子化学，包括材料设计、药物发现和化学反应。原理很简单，化学反应受量子力学原理的控制，对其进行模拟的最佳方法就是使用量子计算机建模。

虽然经典的计算机可以近似地模拟非常小的分子，但随着分子中原子的数量和大小的增加，需要涵盖和跟踪的不同力的数量呈指数级增长。因此，对于任何大小合适的分子，在合理的时间内完成计算就变得很困难。你将会遇到超过恒星发射能量、宇宙中原子数或宇宙大爆炸后的时间秒数等这样超级巨大的天文数字。因此，等待传统技术改进是不现实的，需要打破固有路径，另辟蹊径。经典计算开发了一些算法来模拟量子特性，但这些近似模型的表现并不好。其他重要的应用包括优化、金融建模和量子机器学习。当然，经典计算也在为解决这些问题不懈努力。虽然人们为这些问题投入了大量的精力，试图用量子计算的方法来解决，但也不排除一个聪明的毕业生凭借新的传统技术就把它解决了。

5. 什么技术被用来制造量子计算机？

科学家们正在研发各种技术来创造量子比特和量子计算机，包括超导、退火、离子阱、光子学、量子点、拓扑量子比特、冷原子等。目前还没有人敢下结论这些技术中哪一种会胜出并成为主流。根据具体的应用需求，一些与众不同的技术可能变得很常见，其中一些技术使用了半导体制造技术以充分利用现有的供应商工具和制造设施，其他公司则利用光子学产业的技术来开发计算机。虽然我们希望这种快速发展的势头能保持下去，但我们并不认为这种发展会走上一条直线的快车道。因为总会有新的技术出现，显示出其独有的优势并弥补其他技术的局限性。

6. 量子计算机会完全取代今天的经典计算机吗？

不会。量子计算机将一直被用作经典计算机的协处理器，而不是取代经典计算机。虽然量子计算机最终可能取代一些高性能的经典计算机，但仍有许多不适合的任务，例如阅读电子邮件、使用运行网站、维护金融交易数据库、浏览互联网、计算银行余额，以及当前计算机执行的多数其他任务。此外，在经典世界中，我们认为理所当然的许多事物（例如用于长期存储的磁盘驱动器）都无法与量子等同。同样，量子计算机的概率性质在某些应用中可能是个问题，因为量子计算机的物理性质并不是确定性的。

7. 我是否能够购买量子计算机并将其安装在办公室或家里，甚至像智能手机一样放在口袋里？

我们可能要很长时间才能看到这种情况发生，量子计算机需要几十年甚至几百年的时间才能达到足够的经济性或可靠性。除了某些需要处理高度机密数据并具备足够条件的机构，我们预计大多数量子计算的访问将通过云进行。建造量子计算机需要巨大成本，制造商出于维护、校准、备件和其他运输物流方面的考虑，倾向于将量子计算机放置在其设施内，并希望量子计算机放在大型经典计算设备的附件，以支持混合的经典、量子算法，在两种类型的计算机上处理不同部分的算法。

8. 我们需要做些什么才能看到有用的量子计算机？

那些试图建造量子计算机的人不得不做出选择，要么专注于建造一个大型的、容错的、通用的量子计算机，要么投入资源建造一个更小、干扰更大的量子计算机。在制造 NISQ（嘈杂中型量子）设备方面已经取得了一些成功，但是目前还没有 NISQ 应用程序优于在经典计算机上运行的 NISQ 应用程序。另一方面，一台功能强大的容错机器可以在不被干扰和错误淹没的情况下实现数十亿次门操作，从而解决现实世界的问题。

9. 如果量子计算机如此强大，它会不会是一个耗电大户，需要大量的电力，并伴随着对环境的影响？

不会。从总的电能利用率来看，情况恰恰相反。由于量子计算的基本原理使其能够成倍地扩展，因此它们仅用当今超级计算机能力的小部分就能解决大问题。用于构建它们的超导、光子及其他技术所消耗的功率比当今经典计算机中使用的晶体管要少得多。此外，量子计算机将为其他对环境产生负面影响的问题提供解决方案，包括找到一种有效的固碳方法、最大限度地减少氮基肥料生产中的能源消耗、优化城市交通流以尽量减少交通堵塞和汽车燃料浪费。

10. 你预测量子计算机的时间线是什么？何时才能看到它们的普遍使用？

实验量子计算机已经上市，有些已经公开发售。这些量子计算机的主要目标是帮助最终用户学习并熟悉使用机器和量子算法。量子计算机编程与经典计算机编程有很大不同，人们不能简单地将当前在经典计算机上运行的算法移植到量子计算机上。许多组织已经开始研究如何将量子计算机应用到他们面临的问题中。他们开始开发 POC（概念验证）案例，以展示他们如何使用这种计算机。我们预计，未来几年内，许多 POC 将增长，一些 POC 将在未来 2~5 年内投入生产使用。在那之后，更多的产品使用场景将出现，直到我们在 5~10 年的时间内看到所谓的普及使用。

11. 量子计算机可以用来帮助找到解决当前冠状病毒问题的方法吗？

虽然量子计算机在未来将变得有用，帮助我们比以前更快地找到新的疫苗和药物，但我们不太可能使用量子计算机来解决今天的问题。量子计算技术仍处于早期阶段，许多科学家仍在学习如何最好地利用它。我们希望在未来 1~2 年内用经典技术解决冠状病毒的问题，这么短的时间量子计算难以做出有意义的贡献。未来几年，冠状病毒的情况可以作为一个案例研究来帮助我们开发技术，利用量子计算来帮助解决下一次可能发生的大流行。

12. 最近读到谷歌开发了一款量子计算机，它已经实现了“量子霸权”。你能解释一下那是什么意思吗？

谷歌成功地完成了一项实验，用他们的量子计算机找到一个非常具体问题的解决方案，比在经典超级计算机上得到的解决方案要快得多。值得注意的是，这个被称为随机量子电路基准测试的问题是专门为这个实验而选择的，但它对我们在现实世界中可能看到的问题适用性很小。有人可能称“量子霸权”一词是用词不当，因为实现这一里程碑并不意味着量子计算机比经典计算机在所有问题上都更好。尽管如此，这是一个重大的成就，帮助谷歌的工程团队开发了一个更好的量子芯片。

13. 我听说可以在互联网上破解量子密码。所有的网络安全都会受到威胁吗？

1995 年，一位名叫肖尔（Peter Shor）的研究人员开发了一种理论算法，该算法可以分解较大的半素数。该算法可能潜在地用于查找互联网上使用的公共密钥加密算法（例如 RSA 或 Diffie–Hellman）中使用的密钥，但这需要包含数百万个量子比特的超大型量子计算机。当前，门级计算机可用 53 量子比特，而量子退火计算机可用 2048 量子比特，它们太小且太不可靠，无法实现 Shor 算法或其他分解算法。量子计算机的能力正在迅速增长，业内专家预计，至少还需要 10 年的时间，拥有大量量子比特的量子计算机才能运行这一算法，打破我们今天的公钥加密。

14. 十年的时间并不遥远，有人在做什么吗？

对。人们有两种不同的方法来开发解决。第一种方法是利用量子力学原理创建一个量子互联网，利用光子在两点之间进行通信，光子是光所组成的基本量子粒子。通过将量子力学的基本结果运用到称为“无克隆定理”的信息论中，可以保证有人能够在未经检测的情况下窃听量子互联网链接。这些网络被称为“QKD（量子密钥分配）网络”，在美国、中国和欧洲，已经有许多这样的网络在运行。第二种方法是由美国国家标准技术研究所和其他机构调查的软件方法。它使用不同的软件算法来加密而不依赖于大的半素数因式分解的数据。目前有几十种不同的算法正在研究中，以取代目前的算法。研究人员正在进行深入的研究，以选择那些无法被经典计算机或量子计算机破解但仍能有效用于日常使用的算法。虽然目前有几种强大的候选算法，但我们预计在未来 2~3 年内会公布最终推荐的算法。

15. 所以我没什么好担心的，因为我们很快就会有替代技术了，对吧？

不完全是。首先，我们估计，在未来 10~20 年内，将有超过 200 亿的数字设备需要升级或更换，才能使用新形式的抗量子加密通信。这将需要大量的努力，类似于 20 年前计算机行业的千年虫问题。我们确实建议机构现在就开始计划，因为我们的数字通信基础设施的转换需要数年才能完成。此外，对于具有高数据价值和高保存期特征的某些类型的数据，存在一种称为“现在获取，稍后解密”的攻击。某些攻击者当前可能正在截获加密数据传输并将其存储在硬盘上以供以后使用。虽然加密数据在今天可能没有任何价值，但 10 年或 20 年后，当攻击者能够访问一台强大的量子计算机时，它可能仍然会引起人们的兴趣。我们将在以后的博客文章中对此进行更详细的讨论。

16. 如果我们设法在未来 20 年内保持摩尔定律不变，那么就不需要量子计算机了吗？

有些量子计算机能够解决的问题是经典计算机完全不可能解决的，即使明天星系中所有的硅都变成了普通的经典计算机。量子计算机能够以不同的方式进行计算，并且计算能力成倍增加。它不仅是经典计算机的加速版本，而且还包括传统计算机的扩展版本。它们在本质上不同。

17. 区块链和加密货币会受到此影响吗？

是的，问题与上述数据传输非常相似。一些新的区块链和加密货币协议已经被开发出来，它们被认为是抗量子的。此外，还需要对比特币、以太坊等进行更新，这样当加密代币从一方传送到另一方时，这些货币不会落入坏人手中。

18. 底线是什么？我们应该如何思考量子计算将如何影响社会？

我们相信量子计算技术的发展将遵循阿玛拉定律，该定律指出：“我们倾向于高估一项技术在短期内的效果，而低估长期的效果。”因此，尽管大众媒体上有很多关于量子计算将如何改变一切的讨论，但我们还是要谨慎行事，不要形成不切实际的期望。虽然量子计算将有助于在计算能力方面取得重大进展，但它仍处于早期阶段，需要几十年才能完全实现。但最终，它将对改善世界状况产生重大影响。

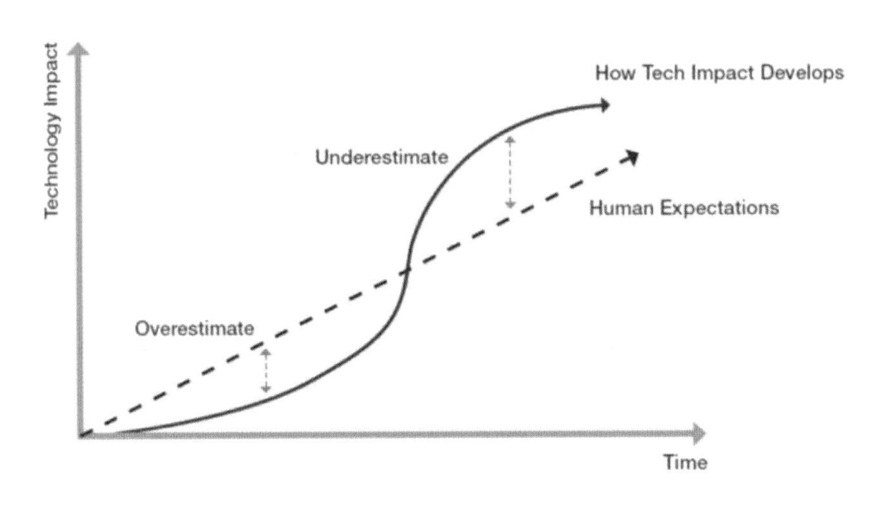

原文链接：

http://www3.weforum.org/docs/WEF_Global_Future_Council_on_Quantum_Computing.pdf

附录五

RSA加密算法

RSA JIAMI SUANFA

1977 年美国麻省理工学院三位科学家罗纳德·李维斯特（Ronald L. Rivest）、阿迪·萨莫尔（Adi Shamir）、伦纳德·阿德曼（Leonard M. Adleman）开发了一种 RSA 公钥加密算法。RSA 取名来自开发他们三者的名字。RSA 是目前最有影响力的公钥加密算法，它能够抵抗到目前为止已知的所有密码攻击，已被 ISO 推荐为公钥数据加密标准。

RSA 加密算法，是一种将同一个编码用两份密钥（公钥 / 私钥）进行数据加密的方法，密钥的值被用来隐藏数据。其中一份密钥即公共密钥，用以对消息进行加密。这份密钥可以被分发给任何人，但如果没有私钥，则无法解密信息。而私钥的保存方，在这个例子中就是银行。这意味着任何人都可以加密他们发送给银行的信息，但只有银行能读取到结果。

也就是说，RSA 加密算法使用一种公开密钥来对信息进行编码，产生的密码只能由信息接收者来解码。这个信息接收者会使用别人（包括信息的发送者）不知道的私人密钥来进行解码。任何人都可以对使用了公共密钥的信息进行加密，然而只有信息的接收者才可以对它们进行解密。

RAS 算法加密技术使用的数学原理就是大数的质因数分解。私钥的基础是两个非常大的素数，这两个素数相乘后会产生更大的数字，而这个数字是公共密钥的一部分。因此，不知道这两个素数就不能解码消息。我们要找出一个巨大数字的素数即质因子时，如果用常规计算机的话，通常需要计算很长时间。因此，这个加密方法具有较高的安全性。

对于一个 200 位的数字，我们很难直接计算出它的两个质因数。一个由 1024 个比特组成的密钥，可以代表一个超过 300 位数的十进制数，这样的数字很容易用于编码目的。因为使用经典计算机找到其因数所需的时间，要超过我们所知道的宇宙诞生的创世大爆炸到现在所需的时间。按照现在最快的电脑——神威·太湖之光超级计算机，破解一个 1024 比特的 RSA 密钥（目前比较常见的长度）也需要 5457560 年，大概就是 500 万年的样子。

也就是说，利用已知最好的经典算法，因数分解所需的时间随着整数长度次指数增长。由于指数函数增长非常快，当整数达到一定长度时，经典计算机无法有效地进行因数分解。广为使用的 RSA 密码系统正是基于这一点。这个系统依赖于产生一个由使用公开发布的两个数字组合形成的一个公共密钥和第三个“秘密”数字（实际上是第三和第四个数字，因为每个密码破译者、发送者和接收者也有自己的秘密数字）。从公开发布的两个数字和公共密钥里找出这些秘密数字是非常困难的（尽管不是不可能）。这就是为什么大公司和军方会使用 RSA 算法，这个算法也用于我们在互联网上使用银行卡购物时保护我们隐私的安全系统（使用更短的密钥）。

RSA 的操作方式是这样的：如果我们把信息的发送方叫作 Alice，接收方叫作 Bob。首先，Bob 取两个很大的质数 p 和 q，求出它们的乘积：$N=pq$。这一步是很容易的。但是，如果有人只知道 N，想求出 p 和 q，就是很困难的。然后，Bob 把 N 向全世界公布，这叫作公钥（public key）。把 p 和 q 藏好不公布，这叫作私钥（private key）。然后，Alice 把想发送的信息用公钥 N 加密，用公开信道发给 Bob。Bob 拿到密文，用自己的私钥 p 和 q 就可以快速解密。其他人虽然拿到了密文，但分解不开 N，算不出 p 和 q，所以无法窃密。

这是一个非常巧妙的思想，确保了我们在线购物的安全。所以说，RSA 非常重要。正因如此，计算机器协会（ACM）宣布将 2002 年图灵奖授予罗纳德・李维斯特（Ronald L. Rivest）、阿迪·萨莫尔（Adi Shamir）、伦纳德·阿德曼（Leonard M. Adleman）三位科学家，以表彰他们在公共密钥算法上所做出的贡献。

国际 RSA 三杰（从左到右依次是罗纳德・李维斯特（Ronald L. Rivest）、阿迪・萨莫尔（Adi Shamir）、伦纳德・阿德曼（Leonard M. Adleman）

参考文献

[1] 郭光灿.颠覆：迎接第二次量子革命[M].北京：科学出版社，2022.

[2] 袁岚峰.量子信息简话：给所有人的新科技革命读本[M].合肥：中国科学技术大学出版社，2021.

[3] 陈宇翔，潘建伟主编.量子飞跃：从量子基础到量子信息科技[M].合肥：中国科学技术大学出版社，2019.

[4] 李承祖、陈平形、梁林梅、戴宏毅编著.量子计算机研究（上、下）——原理和物理实现[M].北京：科学出版社，2011.

[5] 居琛勇.小量子大计算[M].合肥：中国科学技术大学出版社，2020.

[6] 王晓云，段晓东，张昊等.算力时代[M].北京：中信出版集团，2022.

[7] 郭国平，陈昭昀，郭光灿.量子计算与编程入门[M].北京：科学出版社，2020.

[8] 李联宁编著.量子计算机：穿越未来世界[M].北京：清华大学出版社，2019.

[9] 张文卓.大话量子通信[M].北京：人民邮电出版社，2020.

[10][美]赛斯·劳埃德.张文卓译.编程宇宙：量子计算机科学家解读宇宙[M].合肥：中国科学技术大学出版社，2022.

[11][美]斯科特·阿伦森.张林峰，李雨晗译.量子计算公开课[M].北京：人民邮电出版社，2021.

[12][美]沈杰顺.郭铁城等译.量子计算：新计算革命[M].北京：人民邮电出版社，2021.

[13][美]克里斯·伯恩哈特.邱道文，周旭等译.人人可懂的量子计算[M].

北京：机械工业出版社，2020.

[14] [日] 西森秀稔，大关真之 . 姜婧译 . 量子计算机简史 [M] . 成都：四川人民出版社，2020.

[15] [英] 布莱恩 · 克莱格 . 张千会等译 . 量子时代 [M] . 重庆：重庆出版社，2019.

[16] [法] 吉尔 · 多维克 . 劳佳译 . 计算进化史：改变数学的命运 [M] . 北京：人民邮电出版社，2017.

[17] [英] 约翰 · 格里宾 . 王家银译 . 量子计算：从“巨人计算机到量子位元 [M] . 长沙：湖南科学技术出版社，2013.

[18] [美] 约翰 · 塔巴克 . 王献芬等译 . 数：计算机、哲学家及对数的含义的探索 [M] . 北京：商务印书馆，2009.

[19] 李颖，孙昌璞 . 到底什么是量子计算？[EB/OL] 中国物理学会期刊网，2020-08-31.

[20] 张潘，大自然的计算 [EB/OL] . 中科院理论物理所科普报告，2021-5-24.

[21] 光子盒研究院：40 年前的 5 月，量子计算诞生了 [EB/OL] . 光子盒，2021-04-29.

[22] 量子客上的文章：IBM 质疑谷歌“量子优势”[EB/OL] . 谷歌 Nature 发文明确“优势”属实 .

[23] 量子客网文：阿里发文否定谷歌量子霸权 10000 年优势，20 天即可 .

[24] 量子客网文：“量子霸权”道路上的是与非，物理学家如何做到“信达雅”？

[25] OLIVER MORTON：The Computable Cosmos of David Deutsch. The American Scholar 2000 (69) 3：51-67.